国家自然科学基金项目(41772155)资助
“十三五”国家科技重大专项(2016ZX05044)资助

煤层气多层合采开发地质评价技术

杨兆彪　秦　勇　李洋阳
孙晗森　易同生　著

中国矿业大学出版社
·徐州·

内 容 提 要

本书针对多煤层煤层气勘探开发中面临的科学问题，以“多层合采开发地质评价技术”为主题，以滇东老厂复背斜雨旺区块和黔西土城向斜松河区块为例，采用地质分析、测试化验分析、测井解释、三维地质建模和统计分析的方法，评价了典型区块的煤层气开发地质条件，完善了多煤层全层位储层物性测井解释方法，提出了多煤层产层优化组合“三步法”，构建了多层合采开发单元划分定量评价指标和方法，初步建立了气水产层贡献识别的地球化学分析手段。

本书可供相关专业的研究人员借鉴、参考，也可供广大教师和学生学习使用。

图书在版编目(CIP)数据

煤层气多层合采开发地质评价技术 / 杨兆彪等著. — 徐州：中国矿业大学出版社，2020.10

ISBN 978-7-5646-4715-5

Ⅰ.①煤… Ⅱ.①杨… Ⅲ.①煤层—地下气化煤气—石油天然气地质—评价 Ⅳ.①P618.11

中国版本图书馆 CIP 数据核字(2020)第 190941 号

书　　名 煤层气多层合采开发地质评价技术

著　　者 杨兆彪　秦　勇　李洋阳　孙晗森　易同生

责任编辑 何晓明

出版发行 中国矿业大学出版社有限责任公司

（江苏省徐州市解放南路　邮编 221008）

营销热线 (0516)83884103　83885105

出版服务 (0516)83995789　83884920

网　　址 http://www.cumtp.com　**E-mail**:cumtpvip@cumtp.com

印　　刷 江苏淮阴新华印务有限公司

开　　本 787 mm×1092 mm　1/16　**印张** 11.75　**字数** 210 千字

版次印次 2020 年 10 月第 1 版　2020 年 10 月第 1 次印刷

定　　价 42.00 元

前　言

煤层气作为一种新型洁净能源，是常规油气资源的重要战略补充，已在美国、加拿大、澳大利亚等国家和地区实现了大规模商业性开发。目前，中国初步建成了沁水盆地、鄂尔多斯盆地东缘两大煤层气产业化基地，形成了勘探、开发、输送、利用一体化格局。滇东黔西是中国南方重要的煤炭与煤层气资源赋存区，上二叠统煤层气地质资源量约为 3.65 万亿 m^3，约占全国的 10%，具有“煤层层数多而薄、应力高、弱富水、煤体结构复杂”的典型地质特征，是我国未来重点发展的煤层气产业化后备基地。

该区域煤层气资源勘探开发始于 20 世纪 80 年代末期，但煤层气勘探开发效果不甚理想，煤层气产量普遍较低，日产量在 500 m^3 左右。真正迎来曙光是 2010 年中石化华东分公司在织金区块部署 10 口煤层气井。其中，织 2 井于 2010 年 8 月 15 日开始产气，日最高产气量 2 802.55 m^3，累计产气量 34.45 万 m^3，另外施工两口 U 型井，其中一口排采一年后，日产量稳定在 5 000 m^3左右。2011 年，远东能源公司在老厂雨旺区块采用丛式井完成生产试验井组 5 口，单井排采试验累计 26 个月，单井最高日产气量 1 850 m^3 以上，累计产气 68.70 万 m^3。随后，2014 年贵州煤田地质局在松河、2016 年中国地质调查局在杨梅树向斜相继取得了更大的突破，昭示了该区域可观的煤层气勘探开发前景。

然而，多煤层煤层气勘探开发与华北区域单一主力煤层开发具有截然不同的开发地质特征。煤层层数多而薄决定了“多层合采”的开发方式是其经济高效开发的必然选择。现实勘探开发中面临着如何优化产层组合，如何划分多层合采开发单元，如何识别各产层气水贡献的科学问题。本书针对多煤层煤层气勘探开发中面临的以上科学问题，以“多层合采开发地质评价技术”为主题，以滇东老厂复背斜雨旺区块和黔西土城向斜松河区块为例，采用地质分析、测试化验分析、测井解释、三维地质建模和统计分析的方法，评价了典型区块的煤层气开发地质条件，完善了多煤层全层位储层物性测井解释方法。基于煤层气井产能方程，提出了多煤层产层优化组合“三步法”和“系统聚类法”，构建了多层合采开发单元划分定量评价指标和方法，初步建立了气水产层贡献识别的地球化学分析手段。

全书共分6章，撰写分工如下：第1章、第4章、第5章由杨兆彪、李洋阳撰写，第2章由李洋阳、杨兆彪撰写，第3章由李洋阳、杨兆彪、孙晗森、易同生撰写，第6章由杨兆彪、秦勇撰写。全书由杨兆彪统稿、定稿。

本书的相关研究工作得到了中国矿业大学傅雪海、吴财芳、姜波，中国地质大学(北京)汤达祯、唐书恒，中联煤层气有限责任公司吴建光、朱光辉、张平，贵州省煤田地质局金军，云南省煤田地质局林玉成、马玉银等专家、学者的大力支持与帮助。

本书得到了国家自然科学基金项目(41772155)、“十三五”国家科技重大专项(2016ZX05044)的资助，在此表示感谢！

由于作者水平有限，书中难免存在疏漏与不妥之处，恳请广大读者不吝赐教，容后改进。

著　者

2020年1月

目　录

第1章 绪 论

1.1 研究意义

滇东黔西是中国南方重要的煤炭与煤层气资源赋存区，上二叠统煤层气地质资源量约为3.65万亿 m^3，约占全国的10%（国土资源部油气资源战略研究中心，2009），具有“煤层层数多而薄、应力高、弱富水、煤体结构复杂”的典型地质特征（高弟等，2009；Qin等，2018）。目前，贵州有272口、云南有30余口煤层气开发试验井。

在贵州，2011—2014年中石化华东分公司在贵州织纳煤田常规油气区块“比德-三塘向斜”实施煤层气地面开发试验，共部署参数井及试验井24口，包括直井、丛式井组、1口U型水平井（织2 U1P，以煤层为对象的煤层气）和1口J型水平井（织平1井，以煤层为对象的煤层气），直井/定向井平均日产气量多数为1 000～2 000 m^3，其中水平井织2 U1P最高稳产在4 000 m^3/d左右。2013—2016年，盘江投资控股（集团）有限公司在其5个煤层气勘查区累计施工了煤层气参数井10口及开发试验丛式井组9口，在土城向斜松河矿建立示范工程，探索了“小层射孔、分段压裂、合层排采”的煤层气地面开发技术工艺，单井最高日产气量为3 048 m^3，实现了西南地区煤层气单井日产气量超3 000 m^3 的首次突破。

在云南，2002年中联公司在恩洪区块完钻煤层气井4口，对EH-02井的7+8[#]、9[#]、21[#]煤层进行了射孔、水力加砂压裂后，开始排采试验。一般日产气量在300～600 m^3，平均日产气量405.88 m^3；出现两次产气高峰，最高日产气量750.31 m^3。远东能源有限公司对FCY-EH01井的9[#]与16[#]煤层采用活性水填砂分层压裂后合层排采，前期最高气产量700 m^3/d，后期气产量下降到300 m^3/d。远东能源有限公司在老厂雨旺区块采用丛式井完成生产试验井组5口，采用活性水脉冲加砂水力加砂压裂 5 口井 9 层;单井排采试验累计 26 个月,单井最高日产气量 1 850 m^3 以上,累计产气 68.70 万 m^3。2016 年以来,远东能源有限公司继续在恩洪和雨旺区块施工 8 口煤层气开发试验井。

尤其是 2016 年以来,西南地区煤层气勘探与开发试验取得了重大突破,获得了杨梅参 1 井的高产煤层气井。杨梅参 1 井采用大排量、大砂量,压裂裂缝及煤层顶底板页岩,沟通煤系页岩气和砂岩气,实现最高日产气 5 011 m^3,连续稳定日产气 4 000 m^3 以上超过 270 天,累计产气 167 万 m^3,获得西南地区煤层气综合调查的重大突破,昭示了该区域可观的煤系气开发前景。

但在开发过程中发现,一些气井随着打开产层的增多,或者产层跨度的增大,出现产量降低的现象,主要是因为多煤层储集层物性及流体属性兼容性差、层间干扰严重而造成的(秦勇等,2016)。流体压力差异容易导致高压产层流体通过井筒阻止低压产层流体的产出(倪小明等,2010;张政等,2014;郭晨等,2014;易同生等,2016);渗透率差异容易造成各煤层供液能力不同,在排采过程中高渗储集层裂缝内流体的流速将远远高于低渗储集层,高渗透率煤层容易发生速敏(张政等,2014);临界解吸压力差异则决定了多产层可否集中连续产气(张政等,2014;黄华州等,2014;彭兴平等,2016);产层跨度差异一定程度上影响了储集层物性及流体属性的差异性(彭兴平等,2016);煤体结构的好坏则决定了储集层的可改造性,组合煤层中煤体结构较差的煤层往往影响整个组合产层的产气效果(王保玉,2014)。因此,在多煤层区进行开发,产层组合显得尤为必要,同时在此基础上进行平面区域上的多层合采开发单元划分,形成完整的选区选段理论和技术方法,对于多层合采煤层气开发具有重要的科学意义。

煤层气井产出水作为排采的直接产物,蕴藏着丰富的地球化学信息,系统研究产出水化学特征对揭示地层水环境及煤层气潜在产能具有重要意义。本书针对滇东黔西多层合采煤层气井产出水进行动态跟踪采集和地球化学研究,揭示了产出水地球化学时空动态特征及水源类型,提炼出敏感性地球化学指标,辅助识别多煤层层间干扰及其气水贡献,评价煤层气产能,可为煤层气田的开发决策提供独特的水文地球化学研究手段。

本书针对以上科学问题,以滇东老厂雨旺区块为例,采用地质分析、测试化验分析、测井解释、三维地质建模和统计分析的方法,评价了典型区块的煤层气开发地质条件,完善了多煤层全层位储层物性测井解释方法。基于煤层气井产能方程，提出了多煤层产层优化组合“三步法”和“系统聚类法”，构建了多层合采开发单元划分定量评价指标和方法。以黔西松河GP井组为例，阐明了煤层气井产出水地球化学特征，揭示了形成井间干扰和层间干扰时，地球化学指标的响应特征，首次发现了产层组合不同，产出水溶解无机碳稳定同位素值不同，采用16S rDNA测序技术证实了为产甲烷菌的还原作用所引起，间接说明了多煤层产层组合的必要性，为气水产层贡献分析提供了地球化学分析手段。

目前，部分学者针对以上问题也开展了一些研究，主要集中于多煤层产层组合影响因素分析，多煤层开发单元划分研究却还很少见，主要是针对单煤层开发单元划分的一些评价方法，产出水则更多的是针对单煤层产出水地球化学特征及产能响应的研究。

1.2 研究现状

1.2.1 垂向产层组合优化

在勘探开发过程中，逐渐发现在多层合采中因流体属性或物性差异而导致层间产生干扰，产量下降。所以在现有基础上，合理对产层进行组合非常重要，降低干扰并平衡使用资源。煤层气的赋存状态多样，以吸附态为主，存在临界解吸压力，且在排采中属于气水两相流，储层容易发生压敏、速敏等（田永东等，2014；程乔等，2014），这些特点决定了与常规油气藏相比，多煤层或多含气系统之间的共采优化组合更为复杂。

在多煤层煤层气开发中，流体系统压力差异性是后期多产层能否合排的关键因素（倪小明等，2010；李国彪等，2012；秦勇等，2016）。储层压力的差异性会显著产生相互干扰（张政等，2014；杜希瑶等，2014；易同生等，2016），导致流体压力高的储层成为主产气、产水层，容易发生“倒灌”，使产气量降低（倪小明等，2010）。

在煤层气的开采过程中，储层渗透率是评价其开发难易程度的关键因素（Palmer，2010；孟艳军等，2013）。如果合采中煤层渗透率差别过大，就会导致各产层的产水、产气多少不同，不适合合层排采（李国彪等，2012；邵长金等，2012；王振云等，2013；庄绪强，2014；张政等，2014）。

煤层富水性强弱对排采有很大的影响（Hamawand等，2013）。当各层间产水量差异很大时，会引发水锁、气锁等效应，破坏压力传播平衡，加剧层间干扰（刘会虎，2011；孟艳军等，2013；秦勇等，2014；Xu 等，2016），最终失去合层排采的意义。尽管滇东黔西晚二叠含煤地层为弱富水性地层，但富水性在区域上和层域上均具有差异性（杨兆彪，2011；郭晨等，2014），尤其是在多产层合层排采时，后期储层改造可能涉及层间砂岩的改造（易同生等，2016），层间砂岩一般为富水性岩层。当叠置含气系统富水性较强且物性相似时（郭晨，2015），其兼容性也较好。因此，多煤层流体系统富水性强弱是影响其兼容性的地质因素。

临界解吸压力是多个系统合层开采时的基本度量指标（张政等，2014；黄华州等，2014；罗开艳等，2016；彭兴平等，2016）。若下部煤层临界解吸压力液面高度低于上部煤层埋深高度，下部煤层进入临界解吸压力，上部煤层则必须裸露，在排采的较短时间里，煤层裸露意味着储层受到伤害（孟召平等，2009），此种情况下两个产层就不能进行合层排采（黄华州等，2014）。因此，确定各系统临界解吸压力，进行各系统临界解吸压力预测，是进行产层优化组合的基础。

各含气系统产层跨度大小是影响其产层储层物性差异的地质因素（彭兴平等，2016），是含气系统兼容性评价及产层优化组合的基础参数，差异越显著，兼容性越差。

煤体结构不仅是可改造的关键因素，而且影响着各储层物性参数的变化（倪小明等，2010；王保玉，2014），煤体结构好，可改造性好，反之则相反。在滇东黔西，前期的勘探实践也证明了这点。开发时，厚煤层是主力产层，但厚煤层往往煤体结构复杂（Jia 等，2016；金军，2016），结合其他产层组合开发，效果往往很差（贾高龙等，2016）。因此，产层优化组合过程中，避开煤体结构差的产层是基本原则。

针对研究区的实际地质情况，目前研究了很多产层组合的方法，如流体之间的属性不一致和储层参数不同基础上的数理统计方法（张政等，2014；郭晨等，2014；巢海燕等，2017），物理方面和数值方面的计算模拟（徐轩等，2015），用以进行研究区范围内的煤层气垂向产层之间的组合及优选。

1.2.2 煤层气平面有利区优选

有利区优选对煤层气的开发至关重要，为了经济有效且规模性开发，首先就要划分出平面有利区。受美国煤层气成藏理论的影响，我国前期的煤层气开发以中煤阶煤层为试验对象，通过不断实践和大量学者的跟踪研究，我国的煤层气选区评价标准在不断扩大化、精细化和标准化。目前学界形成了如表 1-1 所列的低、中、高煤阶的选区评价技术指标。

表 1-1 选区评价技术指标

		最有利	较有利	不利
资源丰度/(10^8 m³/km²)		>1.5	0.5～1.5	<0.5
煤层单层厚度/m	中、高煤阶	>8	3～8	<3
	低煤阶	>30	20～30	<20
含气量/(m³/t)	高煤阶	>15	8～15	<8
	中煤阶	>12	6～12	<6
	低煤阶	>6	4～6	<4
面积/km²		>800	200～800	<200
地解比		>0.8	0.5～0.8	<0.5
压力梯度/(kPa/m)		>10.3	9.3～10.3	<9.3
镜质组含量/%		>75	50～75	<50
吸附饱和度/%		>80	60～80	<60
埋深/m		风化带～800	800～1 200	>1 200
储层渗透率/10^{-3} μm²		>5	5～0.5	<0.5
有效地应力/MPa		<10	10～20	>20
构造条件		简单	较简单	复杂
煤体结构		煤体结构完整	煤体结构轻度破坏	煤体结构严重破坏

在确定选区评价参数后，选区评价过程中包含了许多数学方法，一般有层次分析法、多层次模糊综合评价法等多种方法，核心是根据评价区的研究任务建立评价模型和计算规则、优选评价参数、对评价参数进行权重赋值及优选评价。此外还有加权平均法、主成分分析法等。

2014 年，国家能源局出台了中国能源行业标准《煤层气地质选区评价方法》(NB/T 10013—2014)，分别针对中、高煤阶和低煤阶含气区块，从地质条件和开采条件细分出区域地质、资源地质、技术可采性和经济可采性四个亚类，每一类包含了不同的参数标准，各参数具有不同的权重，采用层次分析法或者多层次模糊综合评价法进行评价，划分出四类评价级别，见表 1-2～表 1-4。

表 1-2　中、高煤阶含气区块选区评价参数及分级

类型	亚类		评价参数	分类评价级别			
				Ⅰ类	Ⅱ类	Ⅲ类	Ⅳ类
地质条件	区域地质	区域地质	煤层埋深/m	风化带～1 000	1 000～1 500	1 500～2 000	＞2 000
			构造	构造简单，改造弱	构造中等，改造不强烈	构造中等，改造较强烈	构造复杂，改造强烈
			水文条件	简单滞流区	复杂滞流区	弱径流区	径流区
	资源地质	含煤性	煤层分布面积/km^2	≥500	100～500	10～100	＜10
			主力煤层净总厚度/m	≥6	4～6	2～4	＜2
			镜质组（原煤基）/%	≥75	60～75	45～60	＜45
			灰分/%	＜15	15～25	25～40	≥40
		含气性	含气量（原煤基）/(m^3/t)	≥15	8～15	4～8	＜4
			甲烷含量/%	≥90	85～90	80～85	＜80
开采条件	技术可采性	储层可采性	含气饱和度/%	≥80	60～80	40～60	＜40
			临储压力比	≥0.8	0.5～0.8	0.2～0.5	＜0.2
			渗透率/$10^{-3}\ \mu m^2$	≥1	0.1～1	0.01～0.1	＜0.01
		可改造性	煤体结构	原生～碎裂	碎裂	碎裂～碎粒	碎粒～糜棱
			有效地应力/MPa	＜10	10～15	15～20	≥20
			煤层与围岩关系	关系简单，煤层间距小，施工简单	关系较简单，煤层间距较小，施工难度中等	关系较复杂，夹层较多，间距较大，施工较复杂	关系复杂，夹层多，间距大，施工复杂
	经济可采性	经济可采性	直井半年稳定平均产气量/(m^3/d)	≥2 000	1 000～2 000	500～1 000	＜500
			经济地理环境	简单、便利	中等	较复杂、较不便利	复杂、不便利

表 1-3 低煤阶含气区块选区评价参数及分级

类型	亚类		评价参数	分类评价级别			
				Ⅰ类	Ⅱ类	Ⅲ类	Ⅳ类
地质条件	区域地质	区域地质	煤层埋深/m	风化带～1 000	1 000～1 500	1 500～2 000	>2 000
			构造	构造简单，改造弱	构造中等，改造不强烈	构造中等，改造较强烈	构造复杂，改造强烈
			水文条件	简单滞流区，水质有利	复杂滞流区，水质较有利	弱径流区，水质较不利	径流区，水质不利
	资源地质	含煤性	煤层分布面积/km^2	≥500	100～500	10～100	<10
			主力煤层净总厚度/m	≥30	10～30	5～10	<5
			镜质组(原煤基)/%	≥75	60～75	45～60	<45
			灰分/%	<15	15～25	25～40	≥40
		含气性	含气量(原煤基)/(m^3/t)	≥6	3～6	1～3	<1
			甲烷含量/%	≥90	80～90	70～80	<70
开采条件	技术可采性	储层可采性	含气饱和度/%	≥80	60～80	40～60	<40
			临储压力比	≥0.8	0.5～0.8	0.2～0.5	<0.2
			渗透率/10^{-3} μm^2	≥3	0.3～3	0.03～0.3	<0.03
		可改造性	煤体结构	原生～碎裂	碎裂	碎裂～碎粒	碎粒～糜棱
			有效地应力/MPa	<10	10～15	15～20	≥20
			煤层与围岩关系	关系简单，煤层间距小，施工简单	关系较简单，煤层间距较小，施工难度中等	关系较复杂，夹层较多，间距较大，施工较复杂	关系复杂，夹层多，间距大，施工复杂
	经济可采性	经济可采性	直井半年稳定平均产气量/(m^3/d)	≥2 000	1 000～2 000	500～1 000	<500
			经济地理环境	简单、便利	中等	较复杂、较不便利	复杂、不便利

表 1-4　煤层气选区评价参数及参考权重赋值

类型	亚类		选区评价参数	权重赋值
地质条件	区域地质	区域地质	煤层埋深变化	0.04
			构造	0.06
			水文条件	0.06
	资源地质	含煤性	煤层分布面积	0.04
			主力煤层净总厚度	0.08
			镜质组	0.04
			灰分	0.04
		含气性	含气量	0.10
			气体组分	0.04
开采条件	技术可采性	储层可采性	含气饱和度	0.06
			临储压力比	0.06
			渗透率	0.10
		可改造性	煤体结构	0.08
			有效地应力	0.06
			煤层与围岩关系	0.04
	经济可采性	经济可采性	勘探试验风险	0.04
			经济地理环境	0.06

这些方法主要是针对单一主力煤层的选区评价，而滇东黔西地区主要是多煤层，具有“煤层层数多而薄、煤体结构复杂、含气系统叠置”的地质特征。因此，在多煤层发育区进行平面有利区优选时要区别于单一（双）煤层的选区标准，传统的选区方法和指标体系可能不适用于多煤层有利区的优选。

1.2.3　煤层气井产出水地球化学响应

1.2.3.1　煤层气井产出水地球化学特征

目前，人们对煤层气井产出水地球化学性质的研究主要集中在常规离子（Dahm 等，2014；郭晨等，2017；Huang 等，2017）、微量元素（金军等，2017；李伟等，2012；Dai 等，2012；秦勇等，2014）和以氢氧同位素为代表的稳定同位素研究（时伟等，2017；Wang 等，2015；郭晨等，2017），以及溶解无机碳及水中菌群（Simpkins 等，1993；Botz 等，1996；Martini 等，1998；Whiticar，1999；

Hellings 等，2000；Aravena 等，2003；McIntosh 等，2008；McLaughlin 等，2011；Quillinan 等，2014）等方面，主要探讨煤层气井产出水地球化学特征及地层水环境，研究产出水地球化学指标对煤层气产能的响应。

（1）煤层气井产出水中常规阴阳离子

煤层气井产出水中常规阴阳离子是最容易获取的水文地球化学数据。世界各地的煤层气井产出水均具有相似的离子特征，即 Na^+、K^+、Cl^- 和 HCO_3^- 浓度较高，Ca^{2+}、Mg^{2+}、SO_4^{2-} 含量较低，具有 Na^+ 和 HCO_3^- 富集及 Ca^{2+}、Mg^{2+}、SO_4^{2-} 亏损的地质特征。同时，受压裂液污染的地层水中 Na^+、K^+ 和 Cl^- 浓度大幅度增高，其他离子含量变化较小；地表水中 Na^+、K^+、Cl^- 和 HCO_3^- 浓度最低，但 Ca^{2+}、Mg^{2+}、SO_4^{2-} 含量相对煤层水较高（Kinnon 等，2010；Yang 等，2015；Zhang 等，2016）。不同排采阶段，煤层气井产出水具有不同的地球化学特征。随排采进行，产出水变化主要可分为三个阶段：压裂液返排阶段、过渡阶段和稳定阶段，对应的水质依次为 Na^+-Cl^- 型、Na^+-HCO_3^--Cl^- 型和 Na^+-HCO_3^- 型（李忠诚等，2011；李灿等，2013；Dahm 等，2014），如图 1-1 所示。

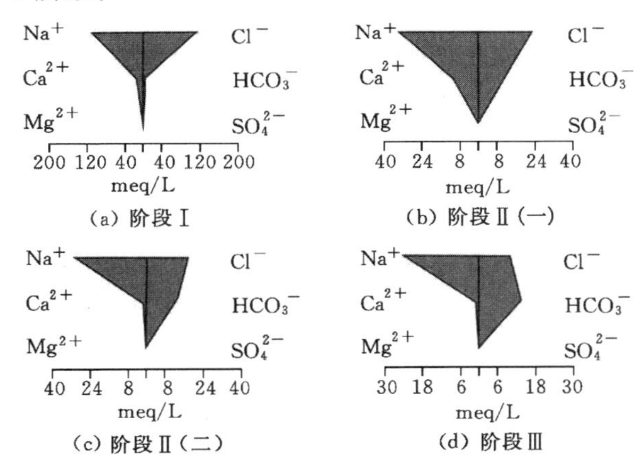

图 1-1　煤层气井不同产水阶段 Stiff 图（李忠诚等，2011）

（注：meq—毫克当量，表示某物质和 1 mg 氢的化学活性或化合力相当的量）

（2）煤层气井产出水氢氧同位素

煤层气井产出水氢氧同位素具有丰富的地球化学指示意义，可用于研究地层水环境及演化。根据现有报道，我国煤层气井产出水 δD 为－95.8‰～

−23.2‰、$\delta^{18}O$为−13.1‰～−5.14‰，沁水盆地南部和鄂尔多斯地区产出水氢氧同位素组成明显轻于贵州地区（见表1-5）。氢氧同位素组成研究方法通常采用本地区大气降水线方程，我国煤层气井产出水氢氧同位素均分布在大气降水线$\delta D=7.9\times\delta^{18}O+8.2$（王善博等，2013）附近，且普遍呈明显的D漂移特征，少数呈O漂移，属于大气降水来源或与地表水、浅层地下水弱混合（Dansgaard，1984；Craig，1961；张晓敏，2012；毛庆亚等，2017）。地表水一般因受蒸发作用较为强烈，较轻的$H_2{}^{16}O$比$H_2{}^{18}O$更易被蒸发，其氢氧同位素值一般位于大气降水线以下，具有O漂移特征（田文广等，2014；时伟等，2017）。

表1-5　我国部分煤层气井产出水、矿井水和地表水的氢氧同位素组成特征

地区	向斜/区块	δD/‰	$\delta^{18}O$/‰	采样时间（个数）	资料来源
贵州西部	土城向斜-松河井组	−38.84～−23.21	−7.78～−5.70	2016.10(8)	杨兆彪等，2017；吴丛丛等，2018；郭晨等，2017
		−39.88～−26.92	−8.37～−5.51	2017.1(8)	
	黔西向斜	−79.38～−70.31	−11.94～−10.27	2013.5～2013.9(3)	
	珠藏向斜	−73.88～−49.19	−10.81～−8.17	2013.5～2014.7(16)	
	比德向斜	−56.40～−24.64	−9.12～−5.14	2013.5～2014.7(14)	
沁水南部	柿庄南	−84.5～−75.7	−12.7～−11	2014.9(6)	时伟等，2017；王善博等，2013
	3[#]煤层	−91.0～−64.6	−12.7～−7.8	2011～2012(21)	
	15[#]煤层	−85.5～−80	−11.8～−10.2	2011～2012(22)	
	3[#]/15[#]合排水	−88.7～−82.6	−13.1～−10.2	2011～2012(7)	
	沁南区块	−82～−68	−11.5～−10.1	2013(171)	
鄂尔多斯	保德地区	−95.8～−77.1	−11.9～−8.0	2013(51)	田文广等，2014
贵州	盘县矿井水	−79.30～−23.12	−11.49～−6.52	2016.10(12)	杨兆彪等，2017
云南	恩洪矿井水	−90.67～−69.63	−12.67～−9.89	2016.10(9)	
贵州	比德矿井水	−68.78～−63.77	−10.22～−9.27	2013.5(3)	郭晨等，2017
	珠藏地表水	−23.54～−23.23	−5.54～−5.30	2013.5(2)	
山西	柿庄地表水	−67.4～−53.64	−10.9～−6.88	2011～2012(4)	时伟等，2017；王善博等，2013
	顶板灰岩水	−83.1～−63.9	−10.9～−7.3	2011～2012(11)	

通常认为，在煤系还原环境下，富含 H 和^{16}O 等较轻同位素的地层水和富含 D 和^{18}O 等重同位素的煤层以及围岩中矿物质发生同位素交换，可导致地层水中氢氧同位素漂移。此外，微生物在封闭还原的煤层环境中可作用生成 HDS，HDS 溶于水并发生同位素交换，导致地层水呈现 D 漂移特征，同时 H_2S 的存在暗示排采水属煤层水（Dai 等，2005；Rice 等，2008；王善博等，2013；郭晨等，2017；杨兆彪等，2017）。另外，煤系地层水中产甲烷菌优先利用 H，而使得地层水富集 D，导致 D 漂移（Whiticar，1999）。煤中氢氧元素含量相对高低也是导致产出水氢氧同位素组成特征是否呈现 D 或 O 漂移的根本原因之一；随煤层气排采的进行，滞留在煤层中的压裂液或地层水与煤层和围岩的水-岩作用逐渐加强，产出水氢氧同位素组成呈变重趋势；另外，研究区季节性降雨可使大气降水补给作用增强，导致同位素值变轻（郭晨等，2017；吴丛丛等，2018）。

（3）煤层气井产出水中微量元素

煤层气井产出水中微量元素是地下水在径流过程中与煤岩中矿物质发生水-岩作用溶出的，控制机理主要有矿物的溶解与沉淀、氧化与还原、离子交换和离子吸附与解吸等（单耀，2009；刘会虎，2011；李伟等，2012；Dai 等，2012；虞鹏鹏，2012；Liu 等，2018）。产出水中微量元素溶出量主要受煤岩中矿物质组成成分、元素自身稳定性、地层水温度和 pH 值等影响，不同排采阶段产出水微量元素溶出规律具有随时间和空间不断变化的特征，部分微量元素的演化特征与 HCO_3^- 分布规律相互关联（刘会虎，2011；虞鹏鹏，2012）。

随排采进行，特征微量元素（常取 Li、As、Ba、Mn、Rb、Sr、Cr 等地层水中含量较高的元素作为特征元素研究）溶出量基本呈现先上升后下降的趋势。这主要由于排采初期煤层气井的排水量较大，水-岩相互作用较强，容易加速煤层及围岩顶底板中元素的溶解，导致元素含量上升；后期产水量降低或停止产水，从而元素溶出量降低（杨兆彪等，2017；吴丛丛等，2018）。元素溶出量与井间干扰作用关系密切，井间干扰形成后单井元素含量发生变化会导致整个井域内其他井该元素溶出量同向变化（刘会虎，2011）。秦勇等（2014）通过分析沁水盆地南部 3# 和 15# 煤层单层排采水微量元素特征，提取 Li、Ba、Sr、Rb、Ga 特征微量元素，建立了研究区合排井产出水来源判识模板及合层排采可行性评价方法，这对我国薄及中厚煤层群发育、合层排采为最佳开发方式的滇东黔西地区产出水来源的精细判识具有较大启示作用。同时，煤层气排采水中微量元素溶出特征或具有更多的环境及人类健康指示意义等问题有待于进一步分析和验证。

(4) 溶解无机碳稳定同位素($\delta^{13}C_{DIC}$)

溶解无机碳稳定同位素($\delta^{13}C_{DIC}$)变化能够反映碳的地球化学行为和生物地球化学特征。目前通常用来研究地表水系、水库水体碳的来源和时空演化过程，来揭示水质特征及地质成因(Andrews 等，2000；Wachniew，2006；姚冠荣等，2008；汪进良等，2015；肖时珍等，2015；吴飞红等，2017)。地表水系及水体中溶解无机碳稳定同位素值主要受水-气界面 CO_2 交换过程、化学风化过程(如碳酸盐溶解)、土壤生物呼吸生成 CO_2 被携入径流、水体内部生物的光合作用和呼吸作用、矿物沉淀(如碳酸钙的沉淀等)等作用的影响。研究发现：地表水系及水库均为开放水体，主要受到光合作用、呼吸作用、碳酸盐岩风化作用、土壤输出 CO_2 作用等的综合作用，普遍表现出负值的情况。

煤系地下水中 DIC 的主要来源包括水-气界面的大气 CO_2 交换、碳酸盐矿物的溶解、煤层气中 CO_2 的溶解等，风化带以下的深层煤系地层水 DIC 主要来源于后两种。而煤层气井产出水或者深部页岩气井产出水普遍表现出正异常，部分水样测试值大于 10‰，这一现象在国内外都非常普遍，已有国外研究者注意到了这一地质现象，普遍的观点认为造成这一现象的地质原因为产甲烷菌的还原作用(Simpkins 等，1993；Botz 等，1996；Martini 等，1998；Whiticar，1999；Hellings 等，2000；Aravena 等，2003；McIntosh 等，2008；Sharma 等，2008；McLaughlin 等，2011；Quillinan 等，2014)，部分学者在产出水中测试出了产甲烷菌。因此，$\delta^{13}C_{DIC}$大于 10‰可以用来识别甲烷的生物成因。滇东黔西部分煤层气井产出水 $\delta^{13}C_{DIC}$大于 10‰，是否与产甲烷菌还原作用有关值得进一步关注。产甲烷菌存在需要特定的水文地质条件匹配，这对于指示水源环境具有重要意义。

滇东黔西区域煤系沉积相从东往西由海陆过渡相聚煤沉积转变为陆相沉积，且在垂向煤系地层沉积相具有明显分段性，导致多套流体系统叠置(Qin 等，2018)，同时煤级具有多样性，从中煤阶气煤到高煤阶无烟煤都有分布。煤岩物质的差异性会导致不同区域单井产出水地球化学特征具有差异性，煤层气多层合采层段不同，产出水地球化学特征应具有差异性。前期研究未重视到这些差异性，且研究手段较为单一，在产出水地层环境响应方面亟需开展深入全面的研究，以指导实际的煤层气勘探开发。

1.2.3.2 煤层气井产出水地球化学的产能响应

(1) 煤层气产出水中常规阴阳离子

煤层气产出水中常规阴阳离子是煤层气富集高产的良好响应指标。封闭的地下水环境有助于煤层气富集和保存，普遍认为 Ca^{2+}、Mg^{2+}、SO_4^{2-} 富集，意味着接近富氧水源补给区，代表开放型水文环境；Na^+、K^+、HCO_3^-、CO_3^{2-} 和 Cl^- 富集，说明为远离补给区的还原环境，代表封闭型水文环境（田文广等，2014；杨兆彪等，2017；Guo 等，2017）。水动力条件较弱的地下水滞留区，地层水盐度和脱硫系数越高，钠氯系数越低，越有利于煤层气富集和保存（Wang 等，2015）；产出水的矿化度和 HCO_3^- 浓度越高，煤层含气量越高（Bates 等，2011；Hamawand 等，2013；于宝石，2015）。

郭晨等（2017）通过对织金区块煤层气井产出水进行研究后指出，$Na^+ + Cl^-$ 浓度和日产气量呈正相关，与日产水量呈负相关；当 $Na^+ + Cl^-$ 浓度介于 833～1 768 mg/L 之间时，煤层气单井产气量较高，产出水封闭性越强，越有利于煤层气高产，并以离子成分为基础提出了评价地下水环境封闭程度的水化学封闭指数 F。在此基础上，吴丛丛等（2018）修正和定义了具有更强普适性的地下水封闭指数 F^*，并与研究区产能建立了良好关系，认为中等大小的封闭指数最有利于实现煤层气井高产。杨兆彪等（2017）基于地化指标而建立的产能响应指数 δ 可直观反映以煤层气井日均产气量与产水量之比定义的产能潜力大小。具体公式如下：

$$F=\frac{[K^+]+[Na^+]+[HCO_3^-]}{[Ca^{2+}]+[Mg^{2+}]+[SO_4^{2-}]} \tag{1-1}$$

$$F^*=\frac{[K^+]+[Na^+]+[HCO_3^-]+[Cl^-]}{[Ca^{2+}]+[Mg^{2+}]+[SO_4^{2-}]} \tag{1-2}$$

$$\delta=\frac{[Na^+]+[HCO_3^-]}{[K^+]+[Cl^-]+[Ca^{2+}]+[Mg^{2+}]+[SO_4^{2-}]} \tag{1-3}$$

式中，$[K^+]$、$[Na^+]$、$[HCO_3^-]$、$[Cl^-]$、$[Ca^{2+}]$、$[Mg^{2+}]$、$[SO_4^{2-}]$ 分别为钾离子、钠离子、碳酸氢根离子、氯离子、钙离子、镁离子和硫酸根离子浓度，mg/L。

目前，煤层气井产出水来源判识方法的研究也取得了较大进展。煤层气井产出水来源一般有浅层地表水、煤层水和压裂水（被压裂液污染的煤层水）三种类型，其判识标准主要依据产出水离子组成成分和化学特征。煤层气低产井产出浅层地表水和压裂液、高产井排采原始地层水的观点已基本得到普遍认同(秦勇等,2014;Huang 等,2017;郭晨等,2017;杨兆彪等,2017),如图 1-2 所示。

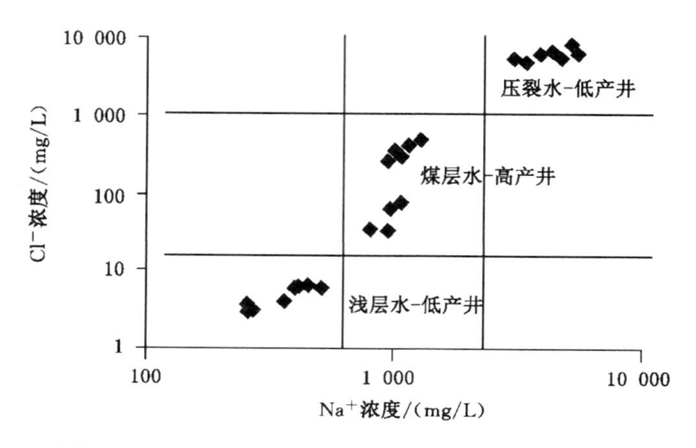

图 1-2　基于 Na^+ 和 Cl^- 的地球化学响应(Guo 等,2017)

(2) 煤层气井产出水氢氧同位素

煤层气井产出水氢氧同位素特征与煤层气产能具有密切关系。国外学者研究认为,煤层气井高产井具有 D 漂移特征(Kinnon 等,2010;Bates 等,2011)。国内学者通过对沁水盆地南部煤层气井产出水研究认为,δD、$\delta^{18}O$ 和矿化度呈正相关,$\delta D/\delta^{18}O$ 值小于 0.5 时有利于高产,且分布特征与地下水环境演化有关,即地下水径流区和补给区(氧化环境)氢氧同位素组成较轻,滞留区(还原环境)氢氧同位素组成偏重,有利于煤层气富集保存,可作为判断煤层水径流条件与煤层气开发有利区优选的水文指标(王善博等,2013;Wang 等,2015;时伟等,2017)。

郭晨等(2017)对黔西煤层气井产出水来源进行了探讨,提出表层水、煤层水和压裂水具有 δD、$\delta^{18}O$ 和 D 漂移程度不断增大的特点,且低产井产出水氢氧同位素组成较轻、D 漂移不明显,而高产井产出水氢氧同位素组成较重、D 漂移明显,据此建立了反映 D 漂移程度的参数:$d=\delta D-7.96\times\delta^{18}O$ 和以 δD、$\delta^{18}O$ 和 D 漂移指数为响应指标的产出水来源判识模板。同时,δD、d 值和产能关系密切,随产层埋深的增加而增大,与产气量呈正相关,与产水量呈负相关(郭晨,2015)。吴丛丛等(2018)在参考 Dansgaard(1984)提出的表征地层水 D 漂移程度的漂移指数 d 基础上,进一步定义了适用于煤层气井排采阶段的D漂移综合指数 d'，d' 与煤层气产能具有负相关关系。

(3) 地层水中微量元素

地层水中微量元素地质响应的研究大多见于常规油气田中，主要用于判识储层沉积相、封闭性、水动力条件，分析油气的生成、运移、聚集、保存及进行有利区评价(Dai 等，2012；周孝鑫，2014)。目前对排采过程中产出水微量元素的研究主要借鉴常规油气分析方法。郭晨等(2017)对黔西产出水来源解析进行了探讨，指出产层平均埋深越大，Li 和 Sr 元素含量越高，产气量也越高；浅层地下水的特征元素溶出量均小于煤层水相应元素含量，建立了甄别浅层地下水和煤层水来源的交汇模板。吴丛丛等(2018)根据黔西产出水特征提出，除 Li 元素外，压裂水中特征微量元素溶出量均大于煤层水中含量，同时 Li 元素或具有碳酸盐亲和性而导致和煤层气井日产气量呈正相关，可作为响应产能的特征微量元素，认为 Li 元素浓度大于 350 ppb(十亿分比浓度)、HCO_3^- 浓度大于 1 500 mg/L 时煤层气井趋于高产，产出煤层水；两者小于该值则产气量较低，排采压裂液。

前人已对煤层气井产出水地球化学特征及其产能响应的水文地球化学指标进行了深入的研究，对煤层气井多层合采产出水的地球化学响应进行了初步的探索。关于产出水中溶解无机碳与煤层气产能内在联系，国外已做了部分研究，认为溶解无机碳正异常有利于高产，但国内还未见报道，目前亟需深入挖掘多层合采产能响应的水文地球化学多种综合动态识别指标，辅助识别产层气水贡献，为多煤层煤层气的勘探开发提供新的科学解决方法。

1.3 本书研究取得的成果

(1) 评价了滇东雨旺区块多煤层煤层气储层物性特征，具有“煤层层数多、高地应力、煤体结构复杂”等特征，完善了煤储层测井解释方法，并进行了典型钻孔全层位的储层物性测井解释。

雨旺区块含煤层数 20～53 层，总厚约为 40.75 m。埋深整体上由西北向东南逐步增大。煤级主要为无烟煤，裂隙较为发育，孔隙度较小，孔隙主要为微孔和过渡孔。

含气量变化较大，整体上随埋深增加而增大，平面上在区块中间部位较高，垂向上波动变化，平均含气饱和度整体不高；渗透率较低，属于特低渗透至中渗透储层。研究区储层压力变化范围较大，欠压至超压状态均有分布。三向地应力均与埋深呈正相关，整体上属于高应力区。三类煤体结构均有分布，浅部和深部较完整，中间层位较为破碎。

运用煤层的电性特征对煤层孔隙度、渗透率、含气量、煤体结构、储层压力及地应力进行了测井解释，并通过实测值进行校正，完善了多煤层储层物性的全层位测井解释。煤岩杨氏模量和泊松比的测井计算值与试验值有一定差异，通过引入常数 α、β 对模型进行了修正。

（2）系统建立了多煤层煤层气产层优化组合“三步法”和“系统聚类法”，对典型单井进行了产层优化组合，确定了雨旺区块主要开发层段。

多煤层产层优化组合“三步法”：以煤层气井产能方程为基础，提出主力产层优选指数、主力产层扩展指数、产能贡献指数三项指标，建立了产层组合优化“三步法”。主力产层优选，以耦合煤层厚度、煤层含气量、煤层渗透率、煤层储集层压力及煤体结构为主，评价产层潜能，指数 δ 值越大，产层潜能越大；主力产层扩展组合，在确保主力产层充分缓慢解吸，且不暴露在液面之上的前提下，以耦合临界解吸压力、层间距和储集层压力梯度差为主，综合评价主力、非主力产层间的相互干扰程度，认为组合指数 Ω 值大于 1 可以扩展组合；产层组合优化，主要考虑组合产层的经济性，主力产层产能贡献指数大于 30%，其他产层贡献指数大于 10%，才能确保煤层气井投产后具有经济效益。松河典型开发井验证了其科学有效性。

多煤层产层优化组合“系统聚类法”：采用系统聚类法，选取多煤层的煤层厚度、煤层埋深、储层压力梯度、渗透率和含气量五个关键参数，应用 SPSS 软件对所选取的数据进行系统聚类，根据输出的树状谱图，结合煤体结构约束，可直观地进行多层次产层组合分析。依据类间距远近及产层相似度可以分为大的四个层次，对应四个组合，分别为 1 级组合、2 级组合、3 级组合和 4 级组合，级别越高，产层相似度越高，组合越好。采用碎石图判断，一般 3 级组合或者 4 级组合是最优组合。

结合雨旺区块含气性特征，适当降低产层组合优化中的主力产层产气贡献，设为 20%，考虑到煤层气井后期的压裂改造，调整煤厚以 1 m 为下限值，当Ⅲ类煤占比超过 25%时，应当搁置。以 YW-02 井和 YW-04 井为例，优选出的产层组合分别为 16#、18#、19# 煤层和 4#、7+8# 煤层，确定了研究区垂向上的主要开发层段。

(3) 提出了多层煤层气合采开发单元划分及有利区评价方法。采用成熟的三维建模方法,结合相关定量指标,完成了雨旺区块单层及多层煤层气合采有利区的优选,经验证,评价结果具有一定的可靠性。

以煤层气井产能方程为基础,考虑煤储集层可改造性对气井生产能力的影响,对产层优化组合“三步法”中的主力产层优选指数进行修正,进而提出煤层气产层潜能指数用于评价多层合采条件下的开发有利区。通过对影响产层潜能指数的煤储集层关键参数的分析,建立了多煤层煤层气开发单元划分方法,提出了定量分级评级指标体系。在此基础上,制定出完整的多煤层煤层气开发有利区的评价流程:采用成熟的三维地质建模技术对多煤层全层位进行储集层物性参数的精细刻画;计算各网格的产层潜能指数,并绘制单层或多层合采条件下的产层潜能指数等值线;根据产层潜能指数等值线的分布情况,采用开发单元划分定量指标划分出Ⅰ类、Ⅱ类和Ⅲ类煤储集层分布区,进而优选出开发有利区。

完成了雨旺区块储层物性三维建模。运用 Petrel 地质建模软件构建了含气量、渗透率、储层压力、三向地应力、煤体结构、脆性指数等三维、平面和剖面地质模型,阐明了其平面及垂向上的展布特征。

完成了雨旺区块单层及合采有利区评价,通过雨旺区块 6 层主力煤层的单层有利区评价发现,Ⅰ类、Ⅱ类和Ⅲ类区均有分布,不同主力煤层的有利区划分范围有一定差异。通过合采有利区评价可知,9# 煤层及以上合采有利区较小,而 13# 煤层及以下的合采有利区较大,主要分布在研究区的中南部。

(4) 探讨了多煤层煤层气井组形成井间干扰和层间干扰时的地球化学响应特征及其产能意义,发现了组合产层不同,产出水地球化学特征不同,首次发现了贵州西部龙潭组煤系地层中段产出水溶解无机碳正异常,源于产甲烷菌还原作用。客观验证了叠置含气系统的普遍存在及产层优化组合的必要性。

以贵州松河井组 8 口井为例,基于稳产期 1 年以上的产出水常规离子、氢氧同位素、溶解无机碳(DIC)稳定碳同位素($\delta^{13}C_{DIC}$)为分析对象,探讨了多煤层煤层气井组形成井间干扰和层间干扰时的地球化学响应特征及其产能意义。形成井间干扰过程中,动液面变化与产出水氢氧同位素 Q 型聚类具有较好的关联性,随井间干扰的形成,井组产出水氢氧同位素聚类系数逐渐减小,井间流体属性相似性增强。井组间干扰除受排采时间影响外,煤层深度是主要的地质控制因素，埋深深，接受浅部的径流补给，累计产水量大，水循环快，产出水 Cl^- 浓度大，D 漂移指数值较小，累计产气量较小；埋深浅的则相反，累计产水量小，水循环弱，产出水 Cl^- 浓度小，D 漂移指数值较大，累计产气量大。D 漂移指数与煤层气累计气量、产出水 Cl^- 浓度及煤层气累计产水量均具有较好的正相关关系。

多煤层煤层气合层开发跨度大、层数多，容易发生层间干扰，导致产能贡献不均衡，且难以识别。基于部分井产出水 $\delta^{13}C_{DIC}$ 值偏大的特征，结合该井产层主要为中上段产层，而研究区煤系地层中上段煤层渗透性较好，富水性较强，CO_2 浓度相对较高，重烃气浓度相对较低，两者具有消长关系，并结合其他地质条件判断出微生物还原作用形成的 CO_2 相对较多是导致该井 $\delta^{13}C_{DIC}$ 正异常的主要原因。为此以该井为刻度井，结合井组产出水 $\delta^{13}C_{DIC}$ Q 型聚类结果和井组开发层位分布及稳产期动液面变化，完成了各井多煤层产层贡献的大致判断。井组聚类距离与刻度井最远，主要是下段产层产能贡献大；聚类距离与刻度井较近，主要是中上段产层产能贡献大，且主要是动液面下的产层在产气。

煤层气井产出水溶解无机碳正异常多发生在中煤阶煤层中，并在典型井产出水中成功检测到了多类型的产甲烷菌，包含了 15 种以上的甲烷菌属，其中 Methanobacterium 为优势属，其次为 Methanothrix 属。根据产出水中优势甲烷菌属与溶解无机碳的显著正相关关系，直接证实了溶解无机碳正异常是产甲烷菌还原作用造成的，且主要发生氢基型产甲烷菌还原作用。多煤层煤系地层沉积相及岩性的分段性会造成渗透性和富水性的分段性，从而引起产出水中 $\delta^{13}C_{DIC}$ 和古菌群落的分段性。在煤系地层整体为超压且煤阶为中煤阶的地质背景下，渗透性和富水性较好的中上部层段产出水中 $\delta^{13}C_{DIC}$ 异常富集，且古菌主要为 Methanobacterium 属。渗透性和富水性较弱的下部层段，产出水中 $\delta^{13}C_{DIC}$ 值较小，微生物作用较弱。接近煤层露头的较浅部位，容易受到大气降水的补给，产出水中 $\delta^{13}C_{DIC}$ 值较小。在此认识基础上，提出了多煤层煤层气井产出水 $\delta^{13}C_{DIC}$ 地质响应模式，客观上为沉积相控制的叠置流体系统提供了有效的地球化学证据，也为多层合排煤层气井气水产层贡献分析提供了新的手段。

第 2 章　研究区煤层气地质背景

2.1　研究区概述

黔西滇东地区位于我国西南部，包括贵州省西部和云南省东部，一般系指云南宣威、曲靖、富源、师宗、沾益及贵州水城、盘县、六枝、威宁等地，是我国南方重要的煤炭生产基地，煤炭资源和煤层气资源十分丰富，上二叠统煤层气地质资源量约占全国的 10%。

2010 年，中国矿业大学分别与贵州省煤田地质局和云南省煤田地质局合作，完成了对两省的煤层气资源评价。

贵州省全省上二叠统可采煤层的煤层气推测资源量 30 561.86 亿 m^3，推测可采地质资源量 13 791.26 亿 m^3。其中，煤层气地质资源平均丰度 1.12 亿 m^3/km^2，比全国平均水平略高或持平；可采资源占地质资源总量的 45.31%。地质资源量主要集中在三个煤田，三者之和为 28 290.21 亿 m^3，占全省煤层气地质资源总量的 92.57%。六盘水煤田13 895.26 亿 m^3，占全省煤层气地质资源总量的 45.47%；平均资源丰度 2.26 亿m^3/km^2，居全国烟煤至无烟煤煤田前列。织纳煤田 7 002.80 亿 m^3，占全省煤层气地质资源总量的 22.91%；平均资源丰度 1.41 亿 m^3/km^2，略高于全国平均水平。黔北煤田 7 392.15 亿 m^3，占全省煤层气地质资源总量的 24.19%，但资源平均丰度明显低于全国平均水平。

云南省全省可采煤层的煤层气推测资源量 5 253.26 亿 m^3，推测可采地质资源量 2 940.27 亿 m^3。其中，煤层气地质资源平均丰度 0.58 亿 m^3/km^2，远低于全国平均水平；可采资源占地质资源总量的 55.97%。地质资源量主要集中在三个煤田，三者之和为 5 023.29 亿 m^3，占全省煤层气地质资源总量的 95.62%。老厂圭山煤田 3 473.9 亿 m^3，占全省煤层气地质资源总量的 66.13%；平均资源丰度 1.91 亿 m^3/km^2，远远高于全省乃至全国平均水平。

宣富煤田784.15亿m^3,占全省煤层气地质资源总量的14.93%;平均资源丰度0.47亿m^3/km^2,与全省平均水平基本相当。镇威煤田765.24亿m^3,占全省煤层气地质资源总量的14.57%,但平均资源丰度仅0.23亿m^3/km^2。

本次研究主要涉及两个构造单元,分别是云南老厂复背斜、贵州土城向斜。其中,老厂复背斜位于云南省曲靖市富源县,属于老厂圭山煤田;土城向斜位于盘县北部,属于六盘水煤田。这两个构造单元均是黔西滇东重要的煤层气开发有利区。老厂复背斜雨旺区块是本次研究的重点,其次为土城向斜松河区块。

2.2 构造特征

2.2.1 区域构造特征

研究区属于黔西、滇东、川南晚二叠世上扬子聚煤沉积盆地的一部分,坐落在扬子板块的西部,如图2-1所示。早二叠世后期的东吴运动使上扬子盆地整体抬升为陆地,海水大规模退出,形成广阔的隆起剥蚀区。早二叠世末,随着古特提斯洋的扩张,地幔物质上涌,加速了上扬子盆地的地裂作用,在上扬子盆地的西部和南部形成了康滇裂谷带和紫云、南盘江、右江等裂陷槽系统。沿着断裂引发了大规模的岩浆喷溢,从而形成巨大的峨眉山玄武岩地层。在上扬子板块西部,呈南北方向分布有一个长期隆起的正向构造单元——康滇古陆。早二叠世晚期至晚二叠世早期,其内部及边缘构造异常活跃,发生了多次大规模的、厚度巨大的拉斑玄武岩的喷发,加强了康滇古陆正向构造单元的发展和地形的增高。在整个晚二叠世期间,上扬子板块始终处于西高东低的地势和西陆东海的地理格局,而且由于康滇古陆始终是上扬子克拉通盆地内部的主要陆源碎屑供给区,陆源物质源源不断向东搬运沉积,从而也就决定了沉积相自西向东有规律展布的总趋势。

黔西滇东处于特提斯构造域和滨太平洋构造域的结合地带,NW向、NE向构造特征尤为明显。研究区先后经历了加里东运动、海西运动,特别是燕山运动之后奠定了现今的构造格局(桂宝林等,2000)。

2.2.2 背向斜构造特征

在区域构造整体控制下,老厂复背斜和土城向斜具有不同的构造特征。

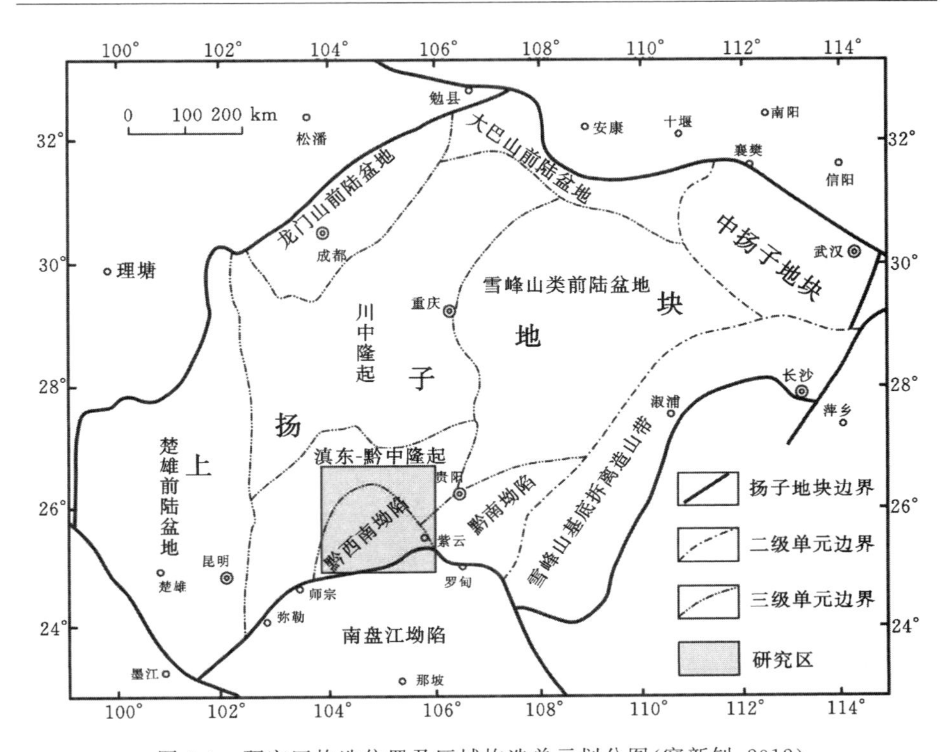

图 2-1　研究区构造位置及区域构造单元划分图(窦新钊,2012)

(1) 老厂复背斜雨旺区块

雨旺区块位于扬子准地台西南边缘,区块构造总体为一走向 NE-SW、向南东倾的单斜,如图 2-2 所示。褶曲主要为 S_{401} 向斜和 B_{401} 背斜,内部有次一级的宽缓褶曲及稀少的走滑、斜交断层。主要构造形迹以北东向为主,研究区断层稀少,共出露有 9 条断层。

研究区主体为单斜构造,S_{401} 向斜位于研究区的中部,轴向 75°～82°,轴长 7.24 km;B_{401} 背斜位于研究区中部,宽 3.5 km。断层共有 9 条,F_9 逆断层倾向一般为 90°,倾角一般为 70°,走向长约 9 km。F_{408} 逆断层对 19# 煤层以上地层有影响。F_{403} 逆断层走向长约 8 km,破碎带宽 5～10 m,对煤层有破坏。F_{404} 逆断层两盘地层皆为 T_{1y}、T_{1f} 地层,沿线形成多个岩溶漏斗。F_{405} 逆断层走向 20°,倾向 110°。F_{411} 断层走向长约 3.25 km,影响到 19# 煤层以上地层。F_7 正断层走向长约 6 km,落差 20～80 m。F_{17} 逆断层走向 35°～50°,倾角 78°,影响到整个煤系地层。F_{402} 逆断层两盘产状变化大,对煤系地层没有影响,属于查明断层。

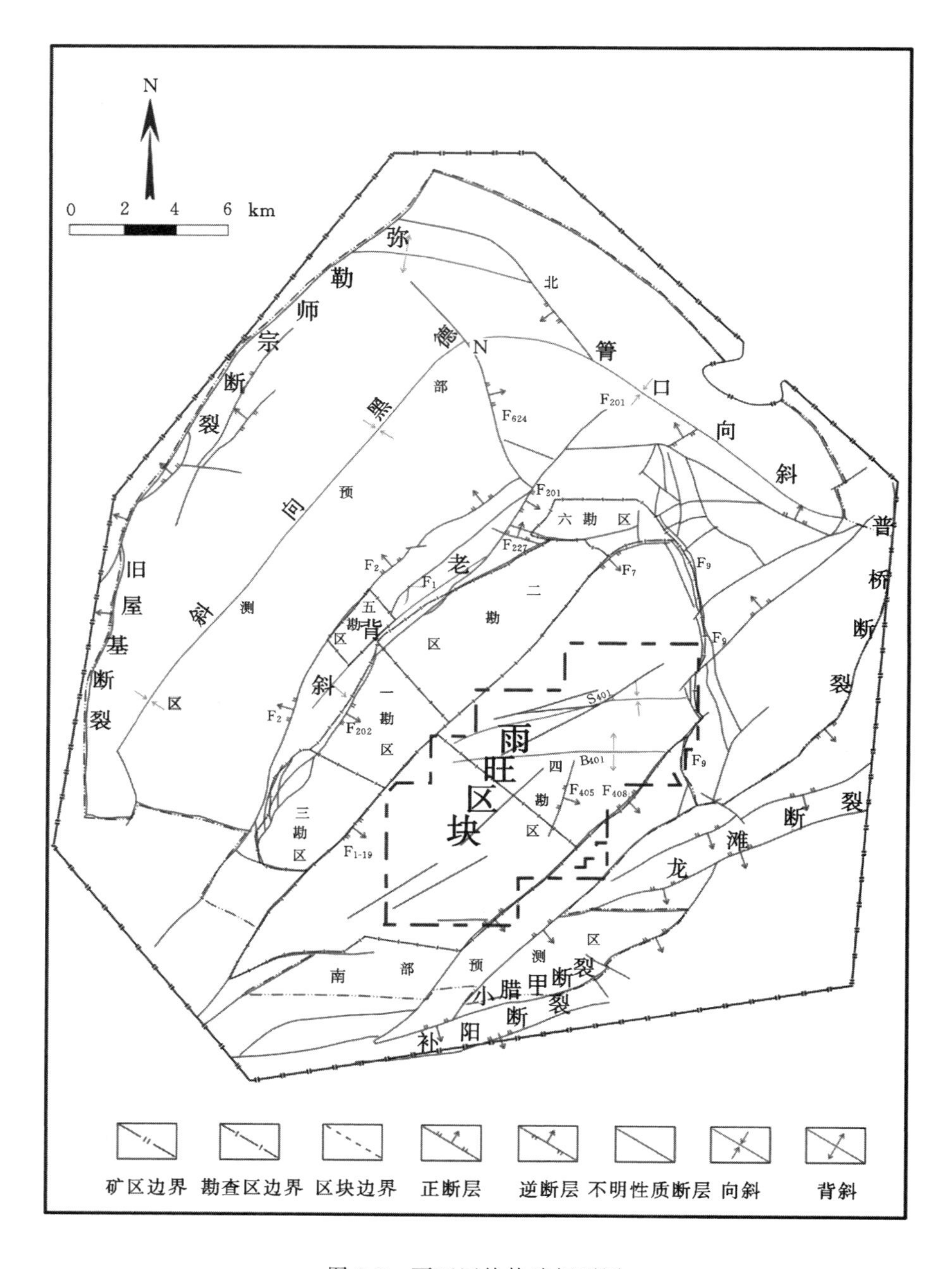

图 2-2　雨旺区块构造纲要图

分形维数与断层的长度、数量以及组合方式有关，为了研究雨旺区块的构造特征，采用分形维数来定量表示其复杂程度。若区域内构造程度越复杂，说明该区域断层越密集发育，则计算出的分形维数值（D）就会越大，反之越小。当 D 小于 0.8 时，构造发育较为简单；当 D 介于 0.8～1.2 之间时，构造中等发育；当 D 大于 1.2 时，构造发育较为复杂。对雨旺区块进行分维后（图 2-3），发现分维值 D 介于 0～1.34 之间，平均为 0.43。整体上构造程度属于简单至中等，中等构造主要呈条带状分布于区块西北至西南部，部分分布于东北部，而复杂构造仅在区块中北部靠边缘小部分发育，简单构造在研究区大范围分布。

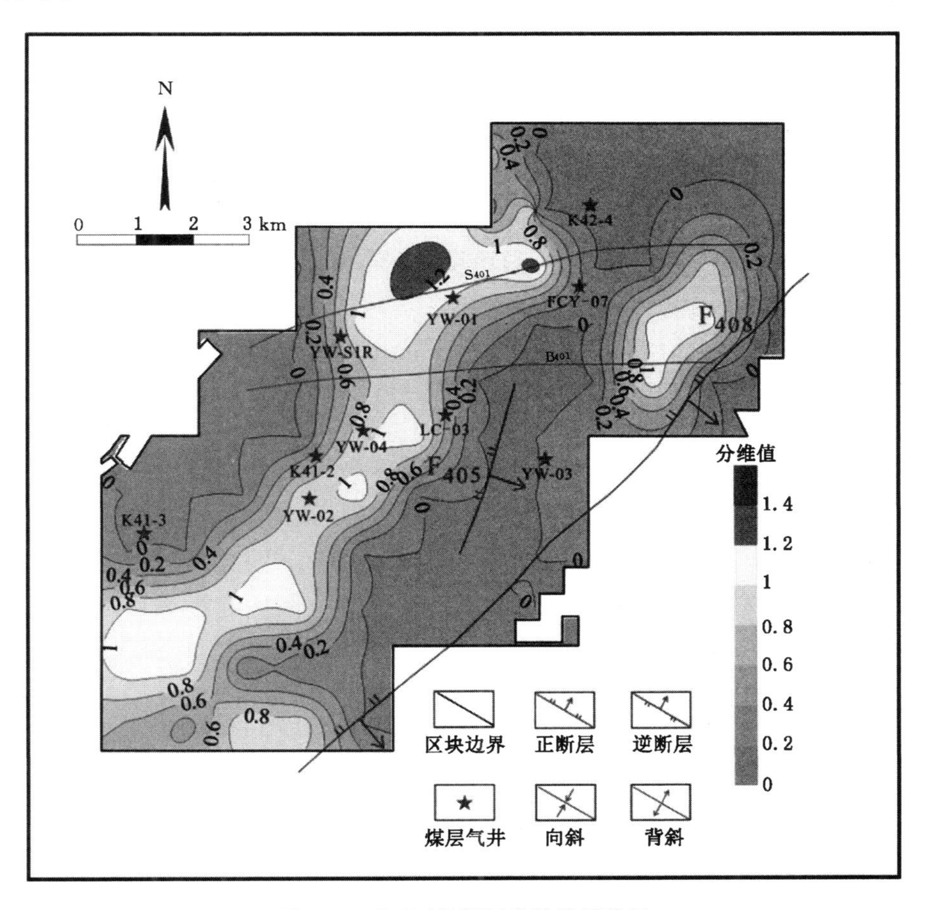

图 2-3　雨旺区块断层分维等值线图

(2) 土城向斜松河区块

土城向斜总体走向为 NW 向，北东翼平缓，西南翼陡，向斜轴向从西向东由北西 55°转为东西向，轴线向南凸出成弧形，长 50 km，宽 2～8 km，如图 2-4 所示。向斜内北西向和北东向构造发育，北西向褶皱呈线状或带状展布，褶皱紧密且强烈，并伴有较大的走向断裂，地层一般较陡，局部直立或倒转。向斜南西翼被一条走向断层切剖，局部见含煤地层，西部及南西部断裂比较发育。

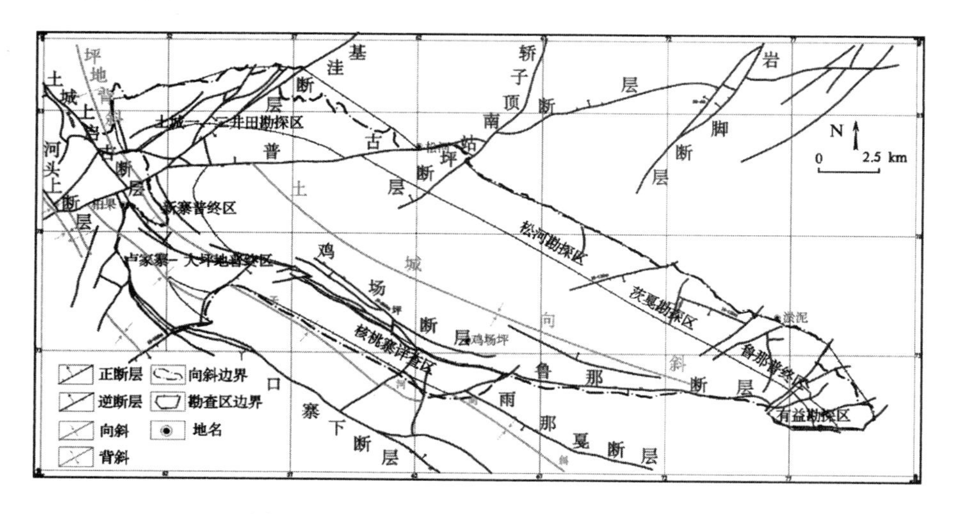

图 2-4　土城向斜构造纲要图(张敏剑，2019)

松河区块位于土城向斜的北翼中段，整体为一单斜构造。地层走向大致为 NW 向，倾向 SW，地层倾角 20°～35°。区内查明断层 108 条，小断层较为发育且多被矿物所填充，主要以高角度 NE-NEE 向正断层为主，断层倾角 45°～80°，整体构造复杂程度中等。

2.3 地层与煤层

(1) 老厂雨旺区块

滇东老厂雨旺区块由老到新出露有泥盆系、石炭系、二叠系、三叠系、第四系，而侏罗系、白垩系、古近系及新近系为缺失地层。

泥盆系厚度约为 757 m，与下伏地层角度不整合接触，分为上泥盆统（厚度约为 334 m）及中泥盆统（厚度约为 423 m），主要岩性为灰岩和泥岩，缺失下泥盆统。

石炭系厚度一般为 265～580 m，与下伏地层假整合接触，分为上石炭统（厚度一般为 100～190 m）及下石炭统（厚度约为 240 m），主要岩性为碳酸盐岩和砂岩泥岩。

二叠系共三分，其中上二叠统是主要含煤地层，包括长兴组（厚度约为 110 m）及龙潭组（厚度约为 350 m）。中统茅口组厚度一般为 318～636 m，主要岩性为灰岩。

三叠系共三分，其中上统地层缺失。下统厚度约为 900 m，共包含卡以头组、飞仙关组以及永宁镇组三个组。飞仙关组又分为四段，主要岩性为砂岩、泥岩、碳酸盐岩及灰岩。中统包含两个组，主要分布于研究区的外围部分，岩性主要为灰岩。

第四系厚度一般为 0～30 m，岩性成分主要为砂砾和黏土，在研究区范围内的沟谷地区零星分布。

研究区含煤地层包括上二叠统龙潭组和长兴组，如图 2-5 所示。

龙潭组含煤总厚度为 39.99 m，上部含煤性好，下部含煤性差，共分成上、中、下三段。上段包括 2# 煤底到 17# 煤底，厚度约 118.36 m，可采煤层共有 7 层；中段包括 17# 煤底到 23# 煤底，厚度约 140.36 m，含煤层数为 2～8 层；下段包括 23# 煤底到茅口组顶，厚度约 107.80 m，其中上部有 3 层不稳定薄煤层，下部灰岩层增多、增厚，普遍硅化成硅化灰岩，23# 煤层下普遍富含黄铁矿。

长兴组包括卡以头组底到 2# 煤底，厚度约为 20.88 m。煤层较薄且结构较为单一，在研究区内仅局部可采。

(2) 土城向斜松河区块

研究区井田出露的地层由老到新为：二叠系上统峨眉山玄武岩组（$P_3\beta$）、龙潭组（P_3l），三叠系下统飞仙关组（T_1f）、永宁镇组（T_1yn），第四系（Q）。研究区地层发育情况见表 2-1。

研究区含煤地层为上二叠统龙潭组（P_3l）及上二叠统峨眉山玄武岩组第二段（$P_3\beta_2$）。

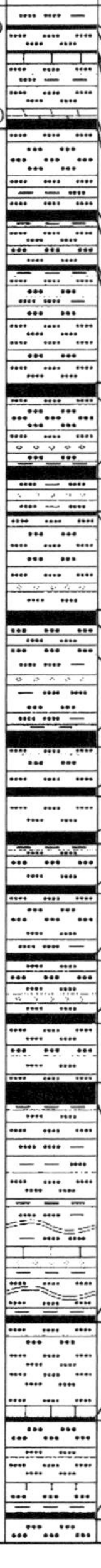

系	统	组	标志层	柱状图	岩性描述
二叠系	上二叠统	长兴组	1#(B1)		灰至深灰色，薄层状泥质粉砂岩夹密集薄层状菱铁岩
			1+1#(b1)		半暗型煤，结构单一，不可采，层位稳定
					深灰色，薄层状粉砂岩夹薄层状菱铁岩，局部夹细晶灰岩、薄层状细砂岩
			2#(b2)		半暗型煤，结构单一，不可采，偶见两个分层，常尖灭再现，层位稳定
		龙潭组			灰色，薄层状粉砂岩夹粉砂质泥岩、薄层状菱铁岩；顶和下部常见生物碎屑灰岩
			3#		半亮型煤，鳞片状构造，常为简单结构，偶见复杂结构，局部不可采
					灰至深灰色，中厚层状岩屑粉砂岩夹薄层状菱铁岩和薄层状粉砂质泥岩
			4#(B2)		半亮型煤，多为单一结构，全区稳定可采
					灰至深灰色，中厚层状粉砂岩夹薄层状菱铁岩和细砂岩
					半光亮型煤，单一结构，含黄铁矿结核，全区稳定
					灰色，薄层状粉砂岩夹薄层状、似层状菱铁岩和细砂岩薄层
			7#		光亮至半亮型煤，顶部含黄铁矿；217线以北C7、C8分岔，南部和北东合为一层
					灰色，粉砂岩、细砂岩夹薄层状菱铁岩；厚度随C7、C8合并及分岔而消长
			8#(b3)		半亮型煤，含1~2层水云母黏土岩或黏土岩夹矸
					灰至深灰色，泥质粉砂岩夹薄层状菱铁岩，中部夹中厚层状岩屑长石细砂岩
			8+1#		半暗至半亮型煤，结构单一，局部可采，有时出现尖灭点
					灰至深灰色，中厚层状粉砂岩夹薄层状菱铁岩和岩屑长石细砂岩
			9#(B3)		半亮至光亮型煤，中下部见两层高岭石黏土岩夹矸，全区稳定可采
					浅灰至深灰色，中厚层状岩屑细砂岩夹粉砂岩条带及少量似层状菱铁岩
					灰色，薄层状泥质粉砂岩夹长石岩屑细砂岩和似层状、透镜状菱铁岩
			13#(b4)		半亮至光亮型煤，偶为复杂结构，局部不可采，时有尖灭点
					灰至深灰色，薄至中厚层状粉砂岩夹团块状、透镜状菱铁岩
			14#		半亮型煤，单一至复杂结构，夹矸多为泥岩，结构简单时煤层较稳定
					灰至深灰色，薄至中厚层状粉砂岩夹少量透镜状菱铁岩
			15#		半亮型煤，一般含1~2层夹矸，厚度变化大，局部不可采
					灰至深灰色，薄层状岩屑粉砂岩夹团块状、透镜状菱铁岩
			16#(b5)		半亮型煤，单一至复杂结构，一般含1~2层夹矸，局部不可采
					灰至深灰色，薄至中厚层状粉砂岩、泥质粉砂岩夹似层状、透镜状菱铁岩
			17#(B4)		半亮至半暗型煤，单一至复杂结构，一般含1层夹矸，厚度变化大，层位稳定
					灰色至深灰色，薄至中厚层状粉砂岩夹细砂岩薄层及似层状、透镜状菱铁岩
			18#		半暗至半亮型煤，含1~2层夹矸，偶为复杂结构，局部可采，有时尖灭
					灰至深灰色，薄至中厚层状粉砂岩夹碳质粉砂岩，泥质粉砂岩及似层状、透镜状菱铁岩
			19#(B5)		半亮型煤，复杂结构，局部可见十多个分层，夹矸为碳质泥岩、泥质粉砂岩和水云母黏土岩，含黄铁矿结核；厚度变化大，局部不可采
					灰至深灰色，薄至中厚层状岩屑粉砂岩、碳质粉砂岩、泥质粉砂岩、碳质泥岩、粉砂质泥岩、泥岩、岩屑长石细砂岩、生物碎屑灰炭薄层、透镜状菱铁岩、薄层煤和煤线组成，含大量黄铁矿
			23#		半暗型煤，结构一般简单，煤层变化不大，局部可采，层位基本稳定
					上部：灰至深灰色，薄至中层状粉砂岩夹细砂岩、少量薄层灰岩； 中下部：浅灰色细晶灰岩、白云岩夹薄层粉砂岩
			(B6) 24#		半暗型煤，时现时灭，局部可采
					浅灰至深灰色，中厚层状磷灰质岩屑细砂岩、长石岩屑细砂岩夹薄层状岩屑粉砂岩、碳质粉砂岩和亮晶灰岩
			25#		半暗型煤，单一至复杂结构，时现时灭，当煤层变厚时结构复杂
					灰至深灰色，薄至中层状岩屑细砂岩夹泥质粉砂岩、岩屑粉砂岩及亮晶灰岩

图 2-5　雨旺区块煤系柱状图

表 2-1　研究区地层发育表

地层系统				厚度/m		岩性特征
统	组	段	代号	平均	累计	
三叠系下统	第四系		Q	6.18	6.18	以残积、坡积、冲积的砾石、砂土为主
	永宁镇组	第一段	T_1yn^2	110.50	116.68	为土黄色、深红色粉砂质泥岩、泥质粉砂岩，局部为钙质泥岩。层间不平整，底部为夹白云质灰岩
		第二段	T_1yn^1	137.00	2 253.68	
	飞仙关组	第五段	T_1f^5	113.00	371.68	上部为灰色泥岩，中部为紫色钙质粉砂岩为主，下部浅绿色细砂岩
		第四段	T_1f^4	35	406.68	紫红色粉砂质泥岩，底部夹黄绿色泥岩厚层，中部夹灰绿色细砂岩
		第三段上层	$T_1f^{3\text{-}2}$	76.00	482.68	以粉砂岩为主，下部夹不稳定的浅灰色石灰岩，底部为厚层细砂岩
		第三段下层	$T_1f^{3\text{-}1}$	91.00	573.68	以粉砂岩为主，夹灰绿色粉砂质泥岩及细砂岩条带，夹数层中厚层细粉砂岩
		第二段	T_1f^2	52.00	625.68	暗紫色、紫灰色中厚层状砂岩，夹紫红色粉砂质泥岩
		第一段	T_1f^1	104.00	729.68	以紫红色粉砂质泥岩为主，下部含方解石及钙质结核，上部细砂岩增多
		绿色层	T_1p	145.00	874.68	上部为粉砂岩为主，中部为细砂岩、砂岩为主，下部为粉砂质泥岩和泥页岩为主
二叠系上统	龙潭组	上段	P_1l^3	115.23	989.91	含主要煤层 10 层，分别为 1#、3#、4#、$5_1^{\#}$、$5_2^{\#}$、$6_1^{\#}$、$6_2^{\#}$、9#、10#、11#
		中段	P_1l^2	140.23	989.91	含主要煤层 8 层，分别为 12#、13#、15#、16#、17#、18#、21#、22#
		下段	P_1l^1	82.74	1 215.8	含主要煤层 7 层，分别为 24#、26#、$27_1^{\#}$、$27_2^{\#}$、$29_1^{\#}$、$29_2^{\#}$、$29_3^{\#}$
	玄武岩组	第三段	$P_1\beta^3$	35.4	1 215.2	以凝灰岩、玄武岩为主
		第二段	$P_1\beta^2$	16.64	1 267.8	含粉砂岩、泥岩，含 32# 煤层
		第一段	$P_1\beta^1$	—	—	以墨绿色玄武岩为主

龙潭组为研究区煤层气勘探开发主要层位，研究区龙潭组地层综合柱状图如图 2-6 所示。

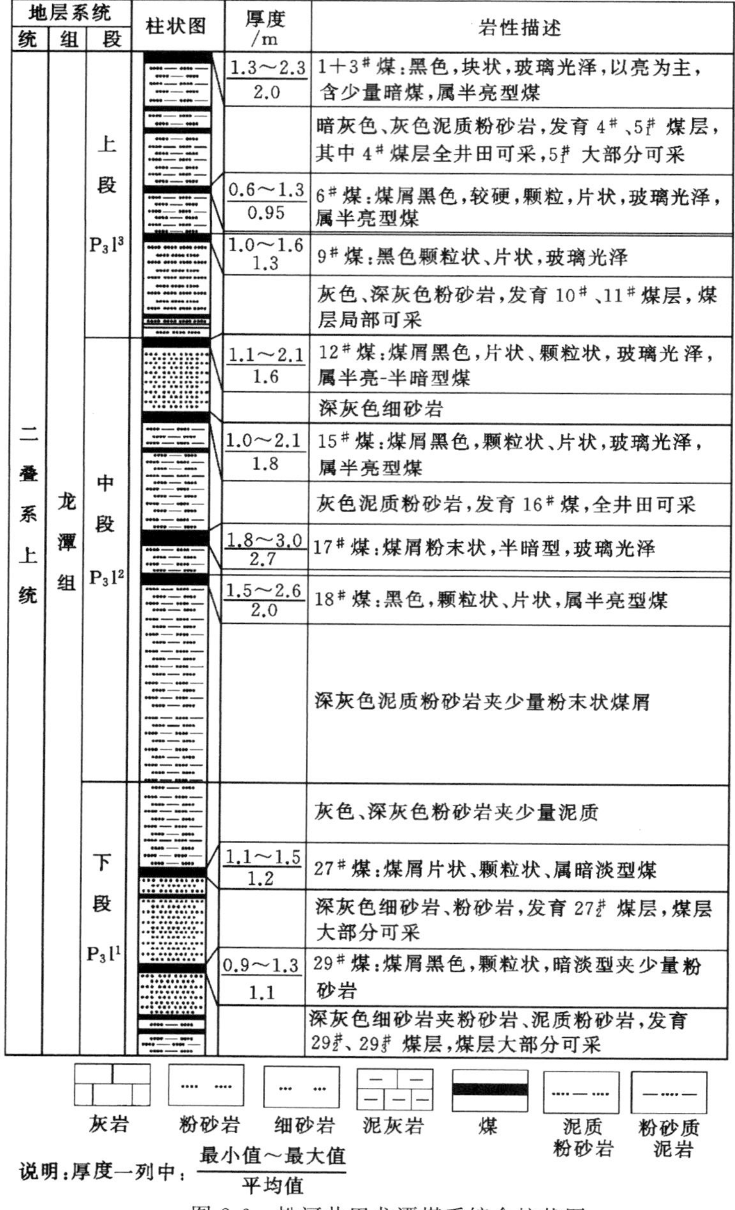

地层系统
统
组
段
柱状图
厚度/m
岩性描述
二叠系上统
龙潭组
上段
P_3l^3
1.3～2.3
2.0
1+3# 煤：黑色，块状，玻璃光泽，以亮为主，含少量暗煤，属半亮型煤
暗灰色、灰色泥质粉砂岩，发育 4#、5# 煤层，其中 4# 煤层全井田可采，5# 大部分可采
0.6～1.3
0.95
6# 煤：煤屑黑色，较硬，颗粒，片状，玻璃光泽，属半亮型煤
1.0～1.6
1.3
9# 煤：黑色颗粒状、片状，玻璃光泽
灰色、深灰色粉砂岩，发育 10#、11# 煤层，煤层局部可采
中段
P_3l^2
1.1～2.1
1.6
12# 煤：煤屑黑色，片状、颗粒状，玻璃光泽，属半亮-半暗型煤
深灰色细砂岩
1.0～2.1
1.8
15# 煤：煤屑黑色，颗粒状、片状，玻璃光泽，属半亮型煤
灰色泥质粉砂岩，发育 16# 煤，全井田可采
1.8～3.0
2.7
17# 煤：煤屑粉末状，半暗型，玻璃光泽
1.5～2.6
2.0
18# 煤：黑色，颗粒状、片状，属半亮型煤
深灰色泥质粉砂岩夹少量粉末状煤屑
下段
P_3l^1
灰色、深灰色粉砂岩夹少量泥质
1.1～1.5
1.2
27# 煤：煤屑片状、颗粒状、属暗淡型煤
深灰色细砂岩、粉砂岩，发育 27# 煤层，煤层大部分可采
0.9～1.3
1.1
29# 煤：煤屑黑色，颗粒状，暗淡型夹少量粉砂岩
深灰色细砂岩夹粉砂岩、泥质粉砂岩，发育 29#、29# 煤层，煤层大部分可采
灰岩
粉砂岩
细砂岩
泥灰岩
煤
泥质粉砂岩
粉砂质泥岩
说明：厚度一列中：最小值～最大值/平均值

图 2-6　松河井田龙潭煤系综合柱状图

上二叠统龙潭组(P_3l)厚341 m,含煤47～66层,一般为50层。含煤厚度37～47 m,一般为41 m,含煤系数为12%。含可采煤层17层,主要为1+3#、4#、9#、12#、15#、16#、17#,可采总厚11.68 m,其中1+3#～10#煤层属于龙潭组上段,12#～18#煤层属于龙潭组中段,24#～29#煤层属于龙潭组下段;可采总厚23.51 m,可采含煤系数6.9%。可采煤层主要分布在本组的上段和中段的上部。上段可采煤层为薄至中厚层,结构一般较简单,煤层厚度及间距多数比较稳定;中段可采煤层为中厚煤层,结构较简单至较复杂,煤层厚度及间距有一定变化;下段可采。煤层多为薄煤层,结构较复杂,煤层间距比较稳定,而煤层厚度变化较大。岩性以灰色、深灰、浅灰粉砂岩、细砂岩为主,夹高岭石泥岩,局部含黄铁矿。

上二叠统峨眉山玄武岩组第二段($P_3\beta_2$)厚4.5～39 m,平均16.6 m。由西向东增厚,含煤1～7层,亦是由西向东增加。含煤总厚0.23～7.15 m,平均2.44 m,含煤系数14.7%。可采煤层厚1.51 m,煤层厚度有一定变化,结构较复杂。岩性以灰绿、深绿色玄武岩和灰色粉砂岩为主,夹浅灰色铝土岩及灰绿、紫红色凝灰岩。

2.4 煤系地层水文地质评价

2.4.1 老厂向斜雨旺区块

研究区的含煤地层总体上富水性较弱,且在垂向上的不同层位缺少水动力沟通,以致发育叠置且互为独立的流体系统。研究区主要含煤段为长兴组(P_3c)和龙潭组上段($P_3c+P_3l^3$),发育1#～16#煤层;中段(P_3l^2)发育17#～23#煤层;下段基本不含煤。主要含水层为$P_3c+P_3l^3$弱裂隙含水层和P_3l^1-P_2m强岩溶含水层;相对隔水层为上覆三叠系卡以头组下段(T_1k^1)、P_3l^2。断层以压扭性为主,断层破碎带宽度不大,且多被泥质充填或钙质胶结,导水性、富水性均较差。

由研究区煤系地层地下水静止水位标高等值线图(图2-7)可知,地下水流场方向为西北到东南,西北部为高势区,水位标高约1 900 m,东南部为深部滞留区,水位标高约1 700 m,相差200 m。

研究区采用稳定流法进行抽水试验,单孔井既为抽水机也是观测井。通

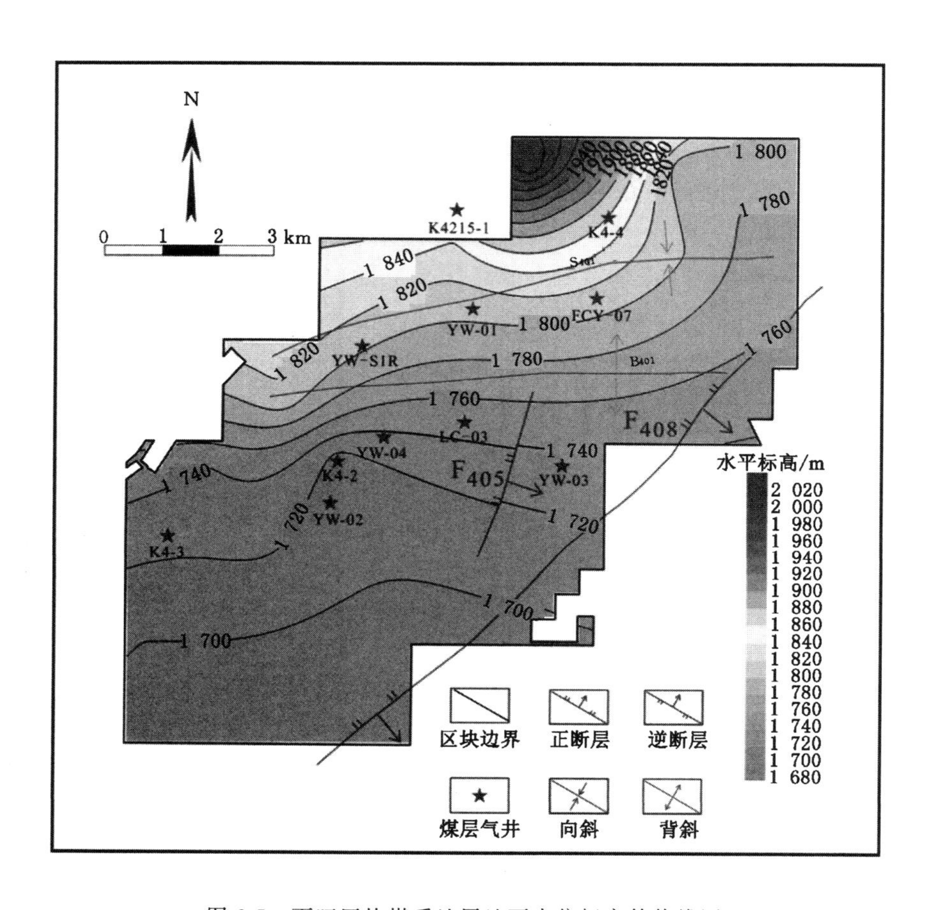

图 2-7 雨旺区块煤系地层地下水位标高等值线图

过抽水试验可以得到反映富水性及供水能力的单位涌水量、流体穿透含水层能力的渗透系数以及一定程度上反映排水压降传播效果的影响半径这三个关键参数，试验成果见表 2-2。其中，计算影响半径时运用式(2-1)：

$$R = 10 s_w \sqrt{K} \tag{2-1}$$

式中 R——影响半径，m；

K——渗透系数，m/d；

s_w——抽水井降深，m。

表 2-2　抽水试验成果表

试验层段	钻孔号	水位降深/m	单位涌水量/[L/(s·m)]	渗透系数/(m/d)	影响半径/m	层段均值/[L/(s·m)]
T_1k	K4-1	24.3	0.009 1	0.007 4	20.919	0.003 575
	K4-4	68.85	0.001 2	0.001 1	22.448	
	K41-1	/	0.001 75	0.000 699 1	5.134 8	
	K42-3	/	0.002 25	/	/	
P_3c-P_3l^{2+3}	K4-1	12.9	0.033	0.017 5	17.046	0.016 33
	K4-4	32.1	0.007	0.003 6	19.204	
	K41-1	/	0.009	0.005 9	89.48	

按照《煤矿床水文地质、工程地质及环境地质勘查评价标准》(MT/T 1091—2008)对含水层类型进行划分(表 2-3),一般情况下,运用渗透系数可以划分透水层类型,通过单位涌水量划分富水类型。

表 2-3　含水层类型划分

渗透系数/(m/d)	透水类型	单位涌水量/[L/(s·m)]	富水类型
>10	强透水岩层	>5	极强富水
1～10	透水岩层	1～5	强富水
0.01～1	微透水岩层	0.1～1	中等富水
0.001～0.01	极弱透水岩层	<0.1	弱富水
<0.001	不透水岩层	/	/

由表 2-2 中的数据可以看出,雨旺区块地层的单位涌水量介于 0.001 2～0.033 0 L/(s·m)之间,总体在中等富水以下;渗透系数介于 0.000 699 1～0.017 5 m/d 之间,总体在微透水以下;影响半径介于 5.134 8～89.48 m 之间,平均 29.04 m。不同层段的单位涌水量均小于 0.1 L/(s·m),渗透系数均小于 1 m/d,上覆地层属于极弱透水至不透水和弱富水岩层,煤系地层属于微透水至极弱透水和弱富水岩层。研究区煤系地层的富水性大于上覆地层,但总体上富水性较弱,水动力条件较差。

水质类型的不同也可反映含水层水动力条件的差异(吴丛丛,2019)。强含水层水质类型一般为 $Ca(HCO_3)_2$ 型,水动力条件好,地层含有丰富的

SO_4^{2-}、Ca^{2+}、Mg^{2+}，同时缺少 K^+、Na^+。弱含水层封闭性强，水动力条件差，地层含有丰富的 CO_3^{2-}、K^+、Na^+。

由地层水阴、阳离子分布图（图 2-8）及含量图（图 2-9）可知，研究区煤系地层水阴、阳离子具有显著的差异性分布特征，阴离子主要为 HCO_3^-、SO_4^{2-} 和 Cl^-，含量较少；阳离子以 Na^+ 和 K^+ 为主，其次为 Ca^{2+}、Mg^{2+}，含量最少。通过分析，水质主要为 HCO_3^--Na^+ + K^+ 型，反映出地下水环境较为封闭，水动力条件普遍较差。

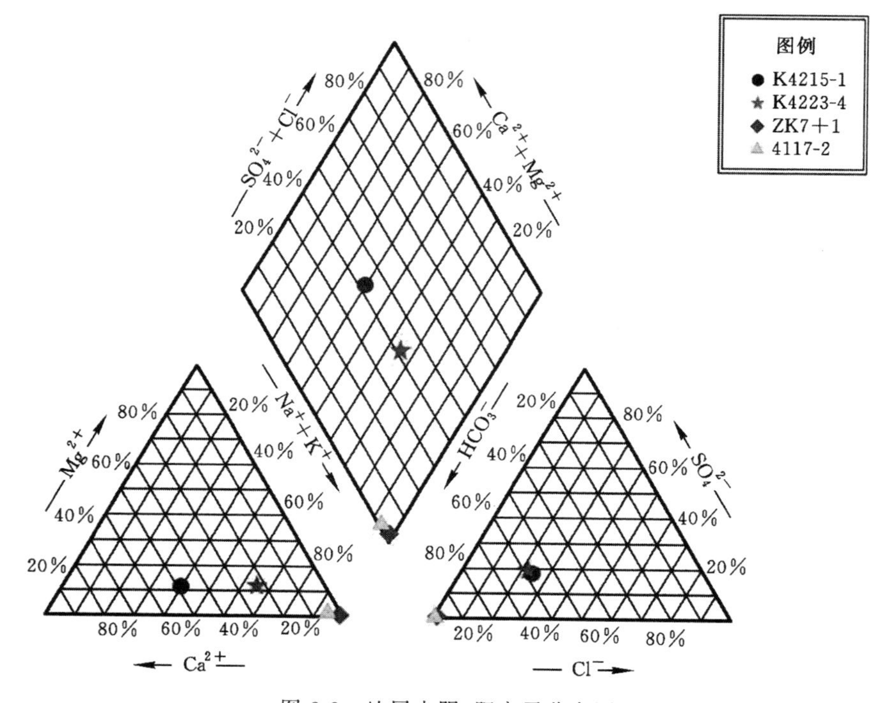

图 2-8　地层水阴、阳离子分布图

田文广等（2014）研究发现，Ca^{2+}、Mg^{2+}、SO_4^{2-} 富集代表接近补给区，而 Na^+、K^+、Cl^-、HCO_3^- 富集代表远离补给区的还原水环境，滞留程度增强。在此采用吴丛丛（2019）修正后的评价地下水环境封闭性的水化学封闭指数 F^*：

$$F^* = \frac{[K^+]+[Na^+]+[HCO_3^-]+[Cl^-]}{[Ca^{2+}]+[Mg^{2+}]+[SO_4^{2-}]} \tag{2-2}$$

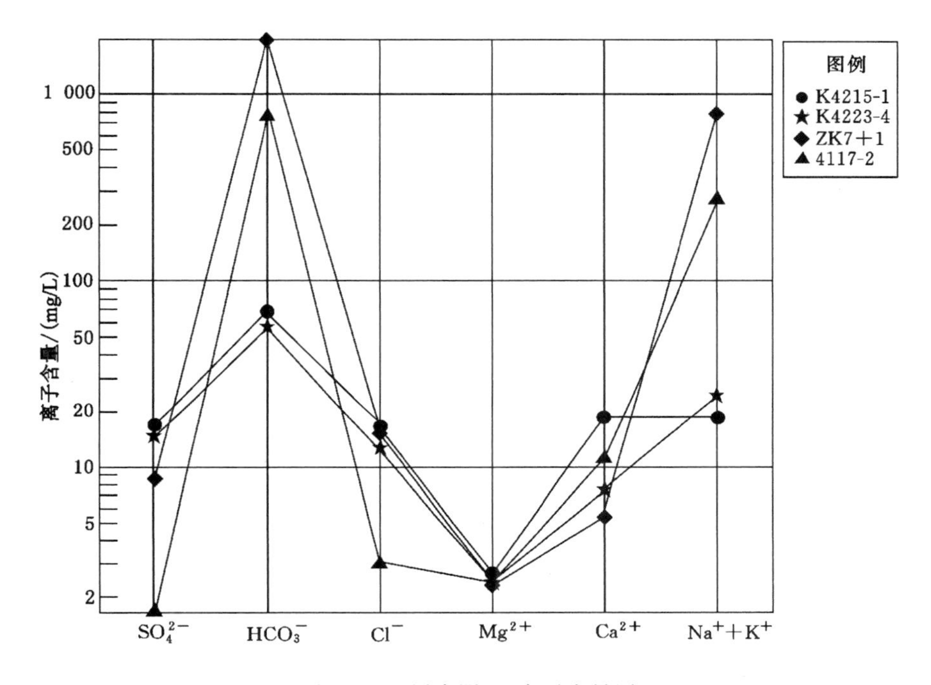

图 2-9　地层水阴、阳离子含量图

式中，F^* 为封闭指数，无量纲；$[K^+]$、$[Na^+]$、$[HCO_3^-]$、$[Cl^-]$、$[Ca^{2+}]$、$[Mg^{2+}]$、$[SO_4^{2-}]$分别为钾离子、钠离子、碳酸氢根离子、氯离子、钙离子、镁离子、硫酸根离子的质量浓度，mg/L。

根据现有数据，可得研究区煤系地下水水化学指标对比结果(表 2-4)，并分析得出以下认识，如图 2-10 所示。

表 2-4　水化学指标统计结果表

钻孔号	抽水层位	封闭指数	平均封闭指数	矿化度/(mg/L)	平均矿化度/(mg/L)	水质类型
K4-2	$P_3c+P_3l^3$	68.22	24.66	1 050.93	437.18	HCO_3^--Na^++K^+
K4-1		2.27		141.6		HCO_3^--Ca^{2+}
K4-4		3.31		119.02		HCO_3^--Na^++K^+
K7-1	P_3l^2	159.87	159.87	2 761.32	2 761.32	HCO_3^--Na^++K^+

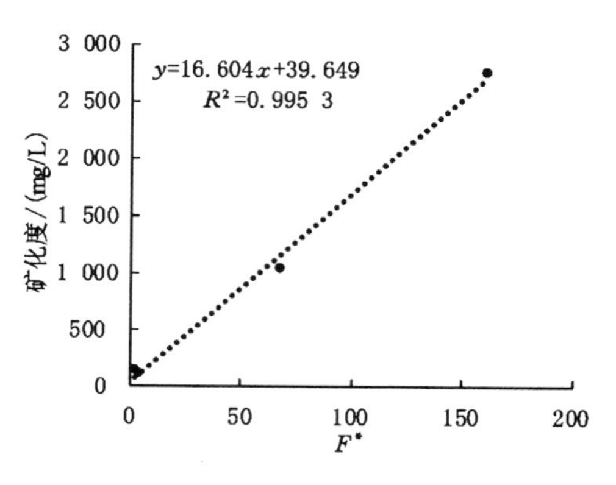

图 2-10 矿化度与封闭指数关系

垂向上，研究区煤系地层上段封闭指数介于 2.27～68.22 之间，平均 24.66；矿化度为 119.02～1 050.93 mg/L，平均 437.18 mg/L，水质类型为 HCO_3^--Na^++K^+ 和 HCO_3^--Ca^{2+} 型，显示出较弱的封闭性以及相对活跃的水动力条件。中段封闭指数为 159.87，矿化度为 2 761.32 mg/L，水质类型为 HCO_3^--Na^++K^+ 型，显示出较强的封闭性以及相对较弱的水动力条件，有利于煤层气的聚集和保存，有潜力成为该区合层开采的优选层段。

平面上，结合地下水位等值线图，发现上段的封闭性指数和矿化度与地下水位分布规律基本一致，表现为封闭性指数和矿化度越小，地下水位越高；相反，封闭性指数和矿化度值越高，那么水位标高越小。因中段数据不足，无法看出此规律。

2.4.2 土城向斜松河区块

研究区位于黔西高原，地势西高东低，区内地形切割较强烈。地下水的主要补给来源靠大气降水，地下水的径流与排泄主要受岩性组合、构造特征及地貌形态的控制。与煤层气开发有关的地层主要为飞仙关组、龙潭组和峨眉山玄武岩组，这些地层富水性、透水性较弱，它们既是煤层的弱补水地层，又有阻隔富水性较强的永宁镇组地下水的作用。区内水文地质条件简单，对煤层气开发有利。

根据岩性及富水性特征，区内可划分为以下含(隔)水层：第四系弱含水层、三叠系下统永宁镇组中等含水层、三叠系下统飞仙关组弱含水层、三叠系上统龙潭组弱含水层、二叠系上统峨眉山玄武岩组弱含水层，见表 2-5。

表 2-5　土城向斜水文地质条件

地层	厚度/m	主要岩性	水文地质概述
第四系	0～40	冰黄至灰色黏土、亚黏土、亚砂土及砂、砾石，局部夹泥岩	本区第四系不甚发育，分布零星，富水性弱
永宁镇组	440～750	分为两段，第一段由深灰色、灰色的薄至中厚层石灰岩和泥灰岩组成；第二段由土黄色、深红色粉砂质泥岩和泥质粉砂岩组成	该组赋存裂隙溶洞水，泉点多，流量大，富水性强，含水较均一，是开发地下水的有利层位。水质为重碳酸盐（钙镁）水。第二段砂、泥岩层具有隔水作用
飞仙关组	452～785	岩性以砂、泥岩类为主，夹少量灰岩	富水性弱，抽水试验单位涌水量为 0.003 70～0.025 0 L/(s·m)，渗透系数为 0.007 76～0.127 m/d。与龙潭组整合接触，整体封盖条件较好。绿色层底部4～8 m 厚致密粉砂质泥岩层位较稳定，是煤系地层优良的隔水、隔气层
龙潭组	325～380	煤、粉砂岩及泥为主，泥质含量高，含煤 40～50 余层	该组地层含裂隙水，上、中、下三段富水性均微弱；无岩浆岩侵入活动，煤层及顶底板渗透性弱，含多套“生储盖组合”，易形成多套独立叠置含气系统
峨眉山玄武岩组	>700	上部为凝灰质粉砂岩、玄武岩、凝灰岩，中部为粉砂岩、泥岩、泥质粉砂岩及煤层，下部主要为玄武岩	富水性弱，单位涌水量为 0.001 50～0.043 9 L/(s·m)，渗透系数为 0.031 9～0.191 m/d，含水性较弱
茅口组	66～230	灰至深灰色厚层块状灰岩，含白云质斑块、条带或夹白云岩，偶含少量燧石结核	区域主要岩溶含水层之一，赋存碳酸盐岩溶洞水，岩溶裂隙发育，含水性极不均一，富水性强

松河井田内发育有 108 条断层，其中地表出露的有 65 条，其余均为隐伏断层。落差较大断层的断层带落差范围为 1.5～3 m，且大多已胶结，挤压较为紧密。在自然条件下，基本查明区内的断层属于含水微弱或不含水、导水的封闭性断层。断层带附近出露多、出泉点多，但涌水量较小，说明断层的导水性较差，不能形成水动力联系通道。井田仅仅在浅部与含煤地层风化裂隙水、老窑水以及第四系含水层有直接水力联系，属于以大气降水为主要补给水源

的裂隙直接充水带，深部的主要直接充水水源为煤系地层裂隙水。

测井结果显示，含煤地层二叠系上统龙潭煤组、三叠系下统飞仙关组、永宁镇组和第四系富水性较弱；二叠系上统峨眉山玄武岩组富水性极弱，与富水性较强的标志层石灰岩地层以及地表水之间均有相对较厚的隔水层分隔。研究区含水层和隔水层相间成层，地下水越层补给的可能性较小，地下水水动力联系微弱。此外，煤系的上覆和下伏地层均为厚度较大的相对隔水层，直接的充水含水层为煤系细砂岩和粉砂岩，且岩石裂隙微小，顶底板渗透性较低，含水性弱，无法为含煤岩系提供所需要的地下水补给量，煤系地层总体上处于一个封闭的地下水动力环境中。研究区较大的地表水体均分布于矿井的边缘地带，煤系地层的主要间接水源为大气降水，充水水源简单，水文地质条件简单。

根据研究区煤系地层抽水试验数据，可得煤系地层水动力参数(表 2-6)。钻孔单位涌水量平均值 q 为 0.000 303～0.139 33 L/(s·m)，平均为 0.04 382 L/(s·m)，地层富水性属弱含水；渗透系数平均值 K 为 0.000 523～0.182 33 m/d，平均为 0.137 96 m/d，地下水渗透性属微透水；影响半径 R 为 10～76.67 m，平均为 46.84 m，暗示煤层气井排水降压的传播效果较差。龙潭组上段 q 平均值为 0.006 336 75 L/(s·m)，龙潭组中段 q 平均值为 0.101 55 L/(s·m)，龙潭组下段 q 平均值为 0.000 303 L/(s·m)。由此可见，龙潭组中段为中等富水，富水性较好，上段为弱富水，而下段为极弱富水，基本属于不透水岩层。

表 2-6　松河区块煤系地层水动力参数

孔号	抽水层位	q/[L/(s·m)]	K/(m/d)	R/m	富水性
3107	上段	0.000 877	0.006 83	49	弱富水
3903	上段	0.014 83	0.065 13	63	
5506	上段	0.003 44	0.024 1	12	
8603	上段	0.006 2	0.003 63	58	
上段平均值		0.006 336 75	0.024 922 5	45.5	
5904	中段	0.139 33	0.182 33	35.67	中等富水
5901	中段	0.063 77	0.435	76.67	
中段平均值		0.101 55	0.308 665	56.17	
3903	下段	0.000 303	0.000 523	10	极弱富水
下段平均值		0.000 303	0.000 523	10	

总体来看，研究区煤系地层水动力条件较差，与周围含水层水力联系相对较弱，有利于煤层气富集和保存，但不利于实现煤层气井排水降压。

不同的地层水离子组成和化学特征代表不同的地下水化学环境和不同的水动力条件。普遍认为，Ca^{2+}、Mg^{2+}、SO_4^{2-} 富集，意味着接近富氧水源补给区，代表开放型水文环境，水动力条件较为活跃；Na^{+}、K^{+}、HCO_3^{-}、CO_3^{2-} 和 Cl^{-} 富集，说明为远离补给区的还原环境，代表封闭型水文环境，地下水滞留程度较高（田文广等，2014；郭晨，2015）。

松河煤系地层水化学特征见表 2-7。松河区块煤系地层水阳离子以 $Na^{+}+K^{+}$ 为主，Ca^{2+} 和 Mg^{2+} 次之；阴离子以 HCO_3^{-} 为主，最高达 1 656 mg/L，Cl^{-} 次之。但地层水中 $Na^{+}+K^{+}$ 浓度均未超过 1 000 mg/L，Cl^{-} 浓度在 100 mg/L 以下，矿化度最大值为 1 632 mg/L，pH 值基本稳定在 8.2 左右，水质为 Na^{+}-HCO_3^{-} 型，说明松河区块煤系地层水化学环境较为封闭，不利于煤系地层与周围含水层发生水力联系。同时，龙潭组中段离子数量多，尤其是含有大量的 HCO_3^{-}，是导致中段 TDS 远远大于上段的主要因素。

表 2-7　松河煤系地层水化学特征　　单位：mg/L

钻孔号	层位	Ca^{2+}	Mg^{2+}	$K^{+}+Na^{+}$	HCO_3^{-}	SO_4^{2-}	Cl^{-}	TDS	pH	水质类型
3107	上段	3.53	2.33	90.83	148.72	21.5	30.14	317.05	8.3	
3903	上段	5.33	1.5	145.36	334.39	0.62	43.12	530.32	8.2	HCO_3^{-}-$K^{+}+Na^{+}$
平均								423.69	8.2	
5901	中下段	1.64	2.52	151.97	368.26	11.61	2.84	538.84	8.8	HCO_3^{-}-$K^{+}+Na^{+}$
5903	中段	11.84	29.9	272.38	1 087.06	18.59	91.97	1 511.74	8.2	
5904	中段	5.41	1.87	875.93	1 656.12	7.2	92.39	1 632.14	8.2	HCO_3^{-}-$K^{+}+Na^{+}$
平均								1 227.57	8.4	

2.5　小结

（1）滇东雨旺区块交通较为便利，为老厂区块内煤层气开发最有利区块，含煤地层为长兴组和龙潭组，煤层总厚约 40.75 m，共有 6 层主力煤层，分别为龙潭组 3#、7+8#、9#、13#、16#、19# 煤层。构造走向整体为 NE-SW，较大褶曲有 S_{401} 向斜、B_{401} 背斜，出露 9 条断层，构造程度属于简单至中等。区内水文地质条件简单，含水层相互独立，富水性弱，补给来源主要为大气降水。

（2）黔西松河区块为土城向斜内煤层气开发最有利区块，含煤地层为龙潭组，煤系地层厚度平均为 341 m，含煤平均 50 层；含煤总厚度平均为 41 m，区内薄及中厚煤层群发育，可采煤层共 18 层。主要可采煤层为 1＋3#、4#、9#、12#、15#、16#、17#，可采总厚 11.68 m。整体为一单斜构造。地层走向大致为 NW 向，倾向为 SW 向，地层倾角 20°～35°。整体构造复杂程度中等。煤系地层的主要间接水源为大气降水，充水水源简单，水文地质条件简单。龙潭组中段为中等富水，富水性较好，上段为弱富水，而下段为极弱富水，基本属于不透水岩层。

第 3 章　多煤层煤层气储层物性及测井解释评价

多煤层储层物性对煤层气的可采性及开发潜力有着重要影响，广义的储层物性主要包括储层的含气性、孔渗性、储层压力、地应力、可改造性及力学性质等关键储层物性参数。本章以雨旺区块为例，在已获取实测资料的基础上，结合测井解释方法对多煤层储层物性进行全层位评价，为后面章节进行产层组合及多层合采开发单元划分作基础。

3.1　基础物性

3.1.1　煤储层赋存特征

云南雨旺区块含煤地层包括上二叠统龙潭组和长兴组，主要含煤地层是龙潭组，上部含煤性好，下部含煤性差，共分成上、中、下三段。上段包括 2# 煤底到 17# 煤底，厚度约 118.36 m，可采煤层共有 7 层；中段包括 17# 煤底到 23# 煤底，厚度约 140.36 m，含煤层数为 2～8 层；下段包括 23# 煤底到茅口组顶，厚度约 107.80 m。煤层层数 20～53 层，其中约 26 层较为稳定，总厚度约为 40.75 m。研究区可采煤层数有 15 层，总厚度为 6.47～33.34 m，分别为 2#、3#、4#、7#、8#、8+1#、9#、13#、14#、15#、16#、17#、18#、19#、23# 煤层。研究区共有 6 层主力煤层，分别为龙潭组 3#、7+8#、9#、13#、16#、19# 煤层。研究区主力煤层埋深等值线图与煤厚等值线图如图 3-1、图 3-2 所示。主力煤层基础特征见表 3-1。

长兴组包括卡以头组底到 2# 煤底，厚度约为 20.88 m。其中，煤层较薄且结构较为单一，在研究区内仅局部可采。

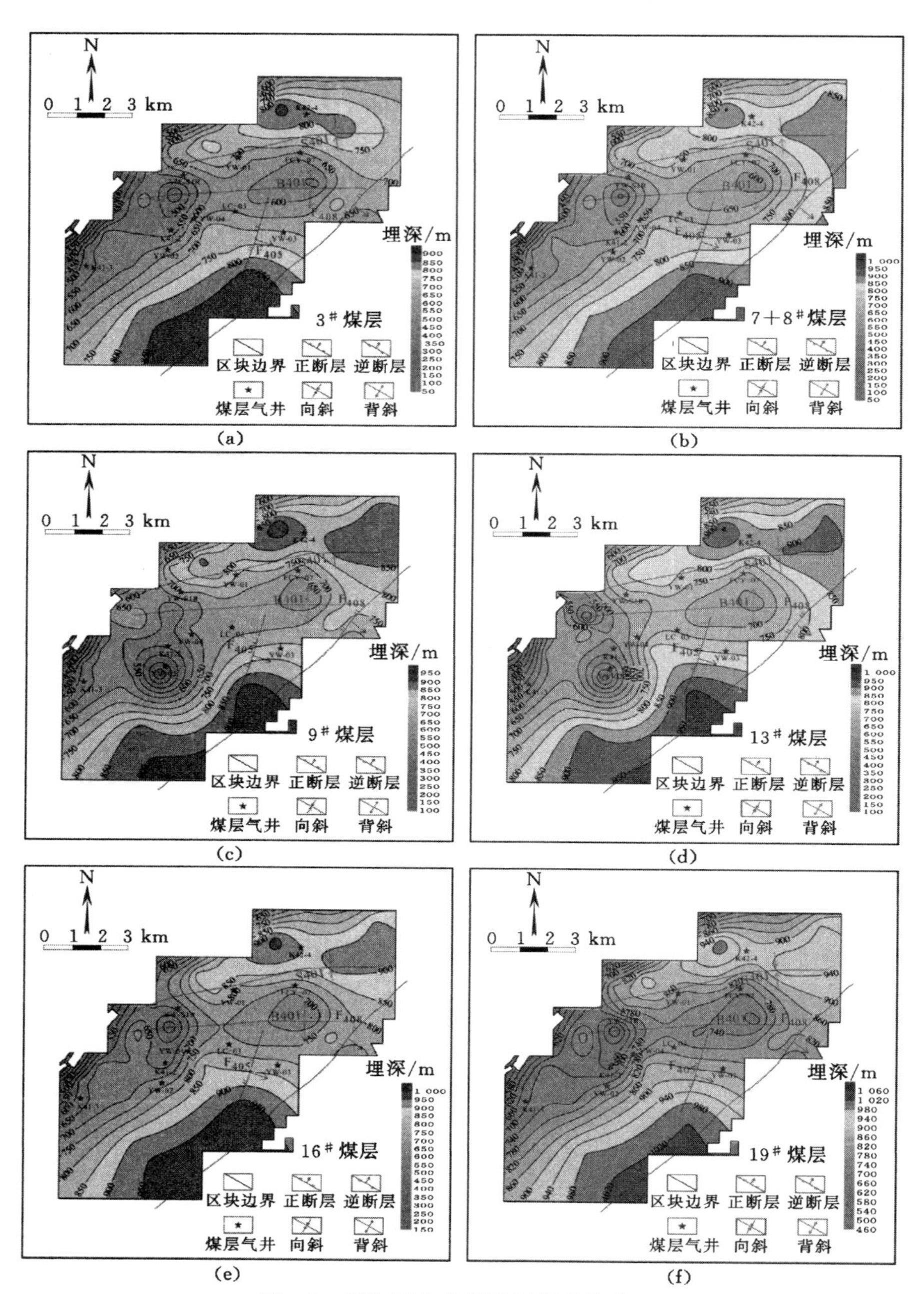

图 3-1 研究区主力煤层埋深等值线图

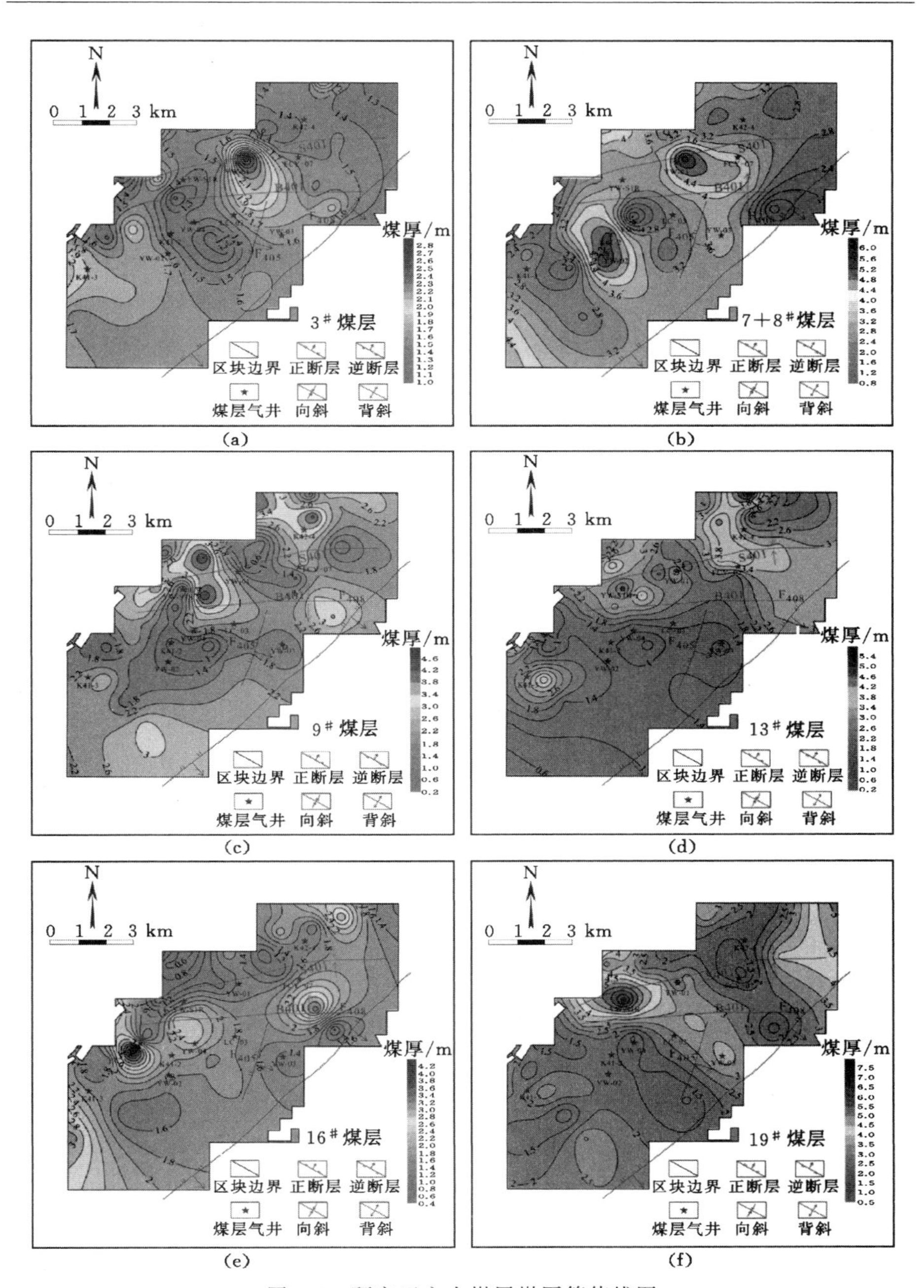

图 3-2　研究区主力煤层煤厚等值线图

表 3-1　雨旺区块主力煤层基础特征表

煤层编号	底板埋深/m		煤厚/m		底板标高/m	
	范围	平均值	范围	平均值	范围	平均值
3#	20.27～880.99	465.51	0.3～3.3	1.54	837.28～1 971.46	1 386.88
7+8#	59.93～923.49	508.38	0.95～5.95	3.01	797.02～1 923.52	1 346.76
9#	80.76～955.33	536.19	0.25～7.05	2.38	777.50～1 907.57	1 315.39
13#	109.36～995.00	562.03	0.25～10.95	2.74	751.06～1 840.57	1 295.45
16#	138.34～1 016.58	573.38	0.3～4.19	1.67	733.79～1 829.94	1 284.25
19#	177.63～1 135.16	656.05	0.45～7.85	2.73	701.40～1 796.40	1 207.86

研究区 3# 煤底板埋深 20.27～880.99 m，平均 465.51 m，整体上由西北向东南方向呈现逐渐增大的趋势，在 K4223-4 井附近底板埋深局部较大，位于区块东北部。3# 煤厚 0.3～3.3 m，平均 1.54 m，无明显规律，在区块西南部边缘及 YW-01 井附近较厚。底板标高 837.28～1 971.46 m，平均 1 386.88 m。区块 3# 煤层全区发育，含夹矸 0～2 层，含矸率 0.68%。

研究区 7+8# 煤底板埋深 59.93～923.49 m，平均 508.38 m，在区块东南及东北部埋深较大，整体上由西向东逐步增大。煤厚 0.95～5.95 m，平均 3.01 m，无明显规律，在 YW-01 井和 YW-02 井附近厚度较大。煤层底板标高为 797.02～1 923.52 m，平均 1 346.76 m。区块 7+8# 煤层全区可采，含夹矸 1～4 层，含矸率 4.48%。

研究区 9# 煤底板埋深 80.76～955.33 m，平均 536.19 m，在区块东南及东北部较深，整体上由区块的中间向东南、东北逐步增大。煤厚 0.25～7.05 m，平均 2.38 m，无明显规律，在区块的中偏北部以及北部边缘部分较大。底板标高 777.5～1 907.57 m，平均 1 315.39 m。区块 9# 煤层稳定分布，含夹矸 0～12 层。

研究区 13# 煤底板埋深 109.36～995.00 m，平均 562.03 m，在区块东南及东北部较大，整体上由区块的中间向东南及东北向逐步增大。煤层厚度为 0.25～10.95 m，平均 2.74 m，无明显规律，在区块北部及东北部厚度较大。底板标高 751.06～1 840.57 m，平均 1 295.45 m。区块 13# 煤层大部分可采，含夹矸 0～13 层，含矸率 6.73%，部分 13# 煤层的顶板为细砂岩。

研究区 16# 煤底板埋深 138.34～1 016.58 m，平均 573.38 m，在区块东南及东北部较大，整体上由区块的中间向东南及东北逐步增大。煤厚 0.3～4.19 m，平均 1.67 m，无明显规律，在区块西及西南边缘部分较大。煤层的底板标高为 733.79～1 829.94 m，平均 1 284.25 m。区块 16# 煤层含夹矸 1～6 层，含矸率 5.89%。

研究区 19# 煤底板埋深 177.63～1 135.16 m，平均 656.05 m，在区块东南部和东北部埋深较大，整体上由区块的中间向东南及东北逐步增大。煤层厚度为 0.45～7.85 m，平均 2.73 m，分布较为集中，在区块的中部偏西部分即 YW-S1R 井组附近厚度较大，区块东北部边缘局部较厚。底板标高为 701.40～1 796.40 m，平均 1 208.86 m。区块 19# 煤层含夹矸 1～11 层，含矸率 16.49%。

3.1.2　煤岩、煤质特征

(1) 煤岩特征

通过现场采集样品并进行测试分析可知，研究区不同煤层之间的显微组分和矿物组分各有区别，煤级主要是无烟煤，具有参差状断口，主力煤层中的 3#、13# 和 19# 煤层为半暗至半亮型，7+8# 和 9# 煤层为半亮型，16# 煤层为半亮至光亮型。

去矿物基后有机组分中主要以镜质组为主，其次为惰质组，壳质组极少或未见，煤层特征见表 3-2。其中，镜质组成分为 78.83%～93.42%，平均 84.56%；惰质组成分为 6.58%～21.17%，平均 15.43%。镜质组中以基质镜质体为主，惰质组中以氧化丝质体为主。无机组分主要包括黏土类、硫化物、碳酸盐和氧化硅，其中黏土类 0.65%～7.29%，平均 3.14%；碳酸盐 0.60%～15.62%，平均 8.35%；氧化硅 0.65%～4.38%，平均 2.12%；硫化物极少或未见。黏土主要浸染基质镜，部分充填于细胞腔；碳酸盐主要为方解石，以脉状充填在裂隙中；氧化物主要为石英，呈次圆状，大小不一。

研究区测试各煤层的最大镜质组反射率平均值介于 2.06%～2.34%之间，不同煤层的最大镜质组反射率平均值各不相同，其中 13# 煤层最大镜质组反射率的平均值最高，可达 2.34%，如图 3-3 所示。

表 3-2　雨旺区块煤层特征表

煤层编号	去矿物基有机组分/%			无机组分/%				平均最大镜质组反射率/%
	镜质组	惰质组	壳质组	黏土类	硫化物	碳酸盐	氧化硅	
2#	79.85	20.15	/	1.18	/	15.39	1.18	2.11
3#	87.85	12.05	/	2.00	2.67	/	1.33	2.25
	83.19	16.81	/	1.88	/	15.62	4.38	2.08
	86.21	13.79	/	2.96	/	9.47	1.78	2.20
7#	78.83	21.17	/	7.29	/	0.66	1.32	2.06
7+8#	82.55	17.45	/	5.99	/	0.60	4.19	2.24
13#	93.42	6.58	/	0.65	/	/	0.65	2.34

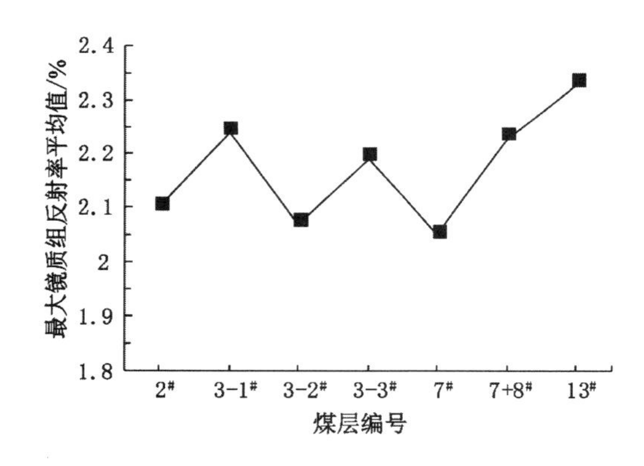

图 3-3　最大镜质组反射率平均值与煤层层位关系

(2) 煤质特征

雨旺区块所采煤样的工业分析在徐州煤研所完成，统计结果见表 3-3。工业组分与煤层层位关系如图 3-4 所示。研究区固定碳含量（FC_d）为 62.49%～87.16%，平均 76.47%，其中 13# 煤层的含量最高，可达到 87.16%，测试各煤层的固定碳含量随着煤层层位的降低呈现略微增长的趋势。灰分（A_d）含量为 6.63%～23.92%，平均 14.37%，各煤层灰分含量随煤层层位降低总体上呈降低趋势，13# 煤层的灰分含量最低，为 6.63%。按照我国灰分产率等级标准可知，13# 煤层为特低灰分煤，7# 煤层为低灰分煤，2#、3#、7+8# 煤层都为中灰分煤。挥发分（V_{daf}）含量为 6.65%～17.86%，平均 10.93%，随煤层层位的降低有着明显的下降趋势，在 13# 煤层达到最小值 6.63%。测试各煤层的空气干燥基水分(M_{ad})为 1.31%～3.40%，平均 2.19%，其中 13# 煤层的水分含量最高，可达到 3.40%。

表 3-3　雨旺区块煤层工业分析表

煤层编号	工业分析/%			
	固定碳(FC_d)	灰分(A_d)	挥发分(V_{daf})	水分(M_{ad})
2#	67.56	19.62	15.96	1.92
3#	84.82	8.06	7.74	2.74
	62.49	23.92	17.86	1.31
	75.38	15.26	11.05	2.33
7#	80.54	10.66	9.86	1.66
7+8#	77.35	16.49	7.38	1.98
13#	87.16	6.63	6.65	3.40

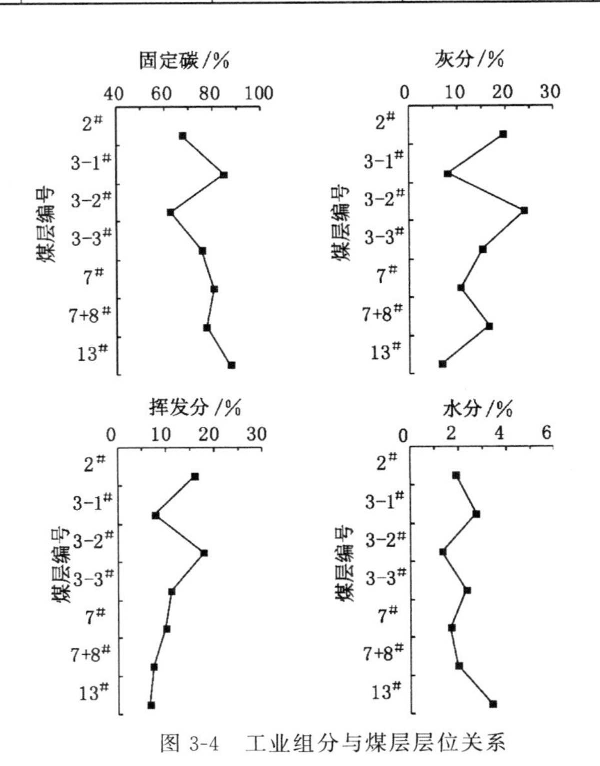

图 3-4　工业组分与煤层层位关系

3.2 储层物性

3.2.1 含气性特征

煤储层含气量是确定煤层含气性的关键参数之一，含气量越高，表明区块资源潜力越大，可采性就越好。基于雨旺区块煤层气勘探数据和煤田勘探数据，对研究区各煤层含气量进行了统计和分析，数据见表 3-4。

表 3-4 研究区各煤层含气量数据统计表

煤层编号	最小值 /(m^3/t)	最大值 /(m^3/t)	平均值 /(m^3/t)	煤层编号	最小值 /(m^3/t)	最大值 /(m^3/t)	平均值 /(m^3/t)
2#	0.78	19.08	6.62	14#	0.66	18.64	10.63
3#	1.90	19.08	8.18	15#	0.60	10.36	6.39
4#	2.12	19.84	9.81	16#	1.87	26.99	11.79
7+8#	1.77	23.5	9.83	17#	2.70	14.23	7.82
9#	0.09	23.31	10.02	18#	1.31	23.88	9.93
13#	0.64	20.20	10.54	19#	1.07	29.97	10.32

研究区煤层含气量介于 0.089～29.97 m^3/t 之间，平均 9.84 m^3/t，变化范围较大。部分主力煤层含气量等值线图如图 3-5 所示。

研究区 7+8# 煤层含气量为 1.77～23.5 m^3/t，在中间部分较高，并向周围逐步降低，区块东北边缘部分较高。9# 煤层含气量为 0.09～23.31 m^3/t，总体由西向东逐步增大，在区块东北边缘部分较高。13# 煤层含气量为 0.64～20.20 m^3/t，在区块中间达到最大值，向北和向南逐步递减，在西南部分较低。19# 煤层含气量为 1.07～29.97 m^3/t，与 13# 煤层分布规律类似，在区块中间部分含气量较高，并向四周递减，在西南部分达到最小值。可以发现，研究区主力煤层含气量均在区块中间部分较高，即位于向斜 S_{401} 和背斜 B_{401} 附近。

研究区 2# 煤层含气量介于 0.78～19.08 m^3/t 之间，平均 6.62 m^3/t；3# 煤层含气量为 1.90～19.08 m^3/t，平均 8.18 m^3/t；4# 煤层含气量在 2.12～19.84 m^3/t 之间，平均 9.81 m^3/t；7+8# 煤层含气量介于 1.77～23.5 m^3/t 之间，平均 9.83 m^3/t；9# 煤层含气量介于 0.09～23.31 m^3/t 之间，平均 10.02 m^3/t；

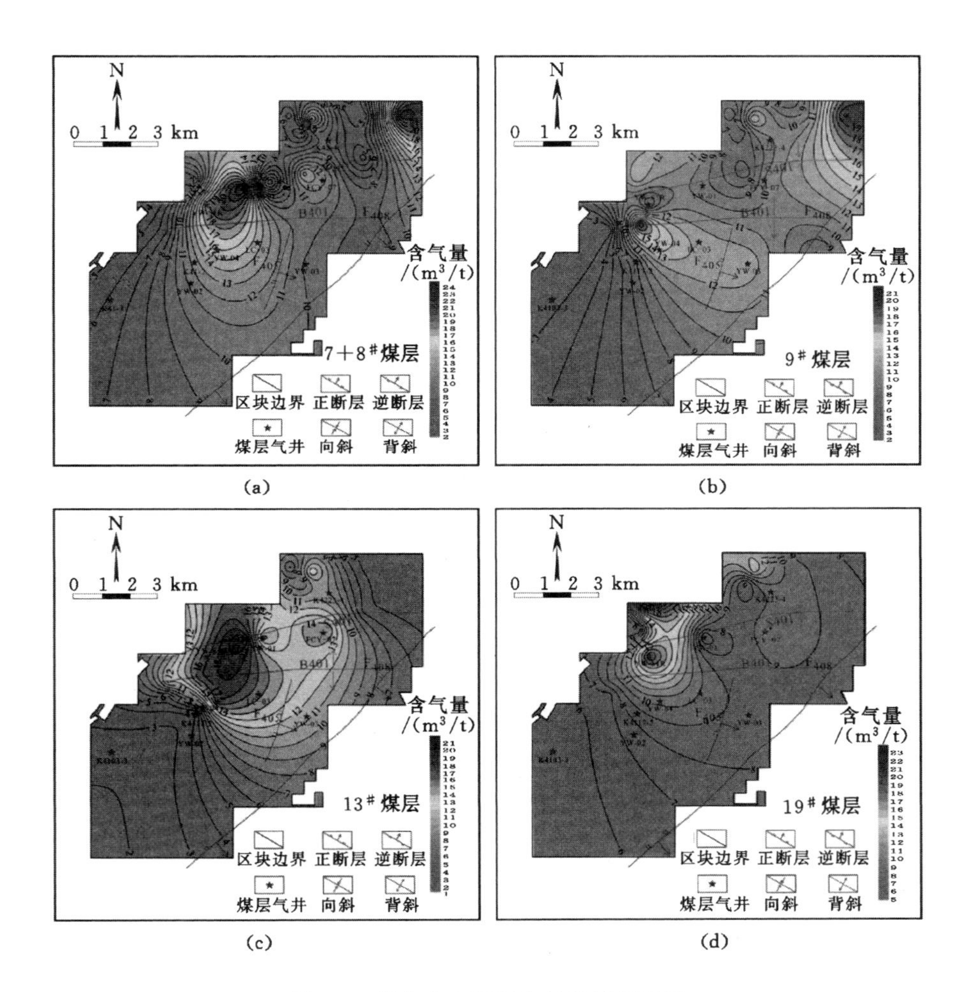

图 3-5 部分主力煤层含气量等值线图

13# 煤层含气量介于 0.64～20.20 m³/t 之间，平均 10.54 m³/t；14# 煤层含气量介于 0.66～18.64 m³/t 之间，平均 10.63 m³/t；15# 煤层含气量介于 0.60～10.36 m³/t 之间，平均 6.39 m³/t；16# 煤层含气量介于 1.87～26.99 m³/t 之间，平均 11.79 m³/t；17# 煤层含气量介于 2.70～14.23 m³/t 之间，平均 7.82 m³/t；18# 煤层含气量介于 1.31～23.88 m³/t 之间，平均 9.93 m³/t；19# 煤层含气量介于 1.07～29.97 m³/t 之间，平均 10.32 m³/t。

煤层含气量与埋深关系较为复杂，总体随埋深增加而增大（图 3-6）。垂向上的单一煤层含气量随着层位降低并无明显规律可循，呈现出先增加、后降低、再增加的“波动式”变化（图 3-7），这种变化与叠置含煤层气系统的基本特征（Yang 等，2015；Qin 等，2018）保持一致。

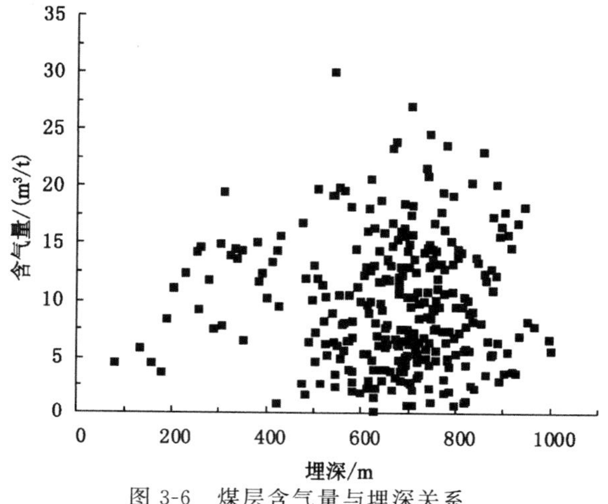

图 3-6　煤层含气量与埋深关系

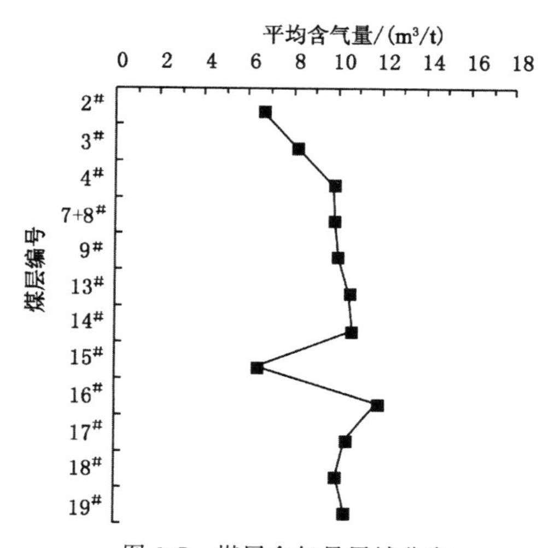

图 3-7　煤层含气量层域分布

由表 3-5 中的数据可知，研究区主力煤层兰氏参数均按空气干燥基测试标准完成，兰氏体积为 23.37～27.05 m^3/t，平均 25.23 m^3/t，随煤层层位降低逐步增大；兰氏压力为 1.56～1.94 MPa，平均 1.84 MPa。通过计算得到实测饱和度介于 43.06%～59.14%之间，平均 53.98%，整体上较低，均在 60%以下，属于欠饱和储层。

表 3-5　研究区部分主力煤层可采性参数

煤层编号	平均含气量/(m^3/t)	兰氏体积/(m^3/t)	兰氏压力/MPa	储层压力/MPa	含气饱和度/%
$7+8^{\#}$	11.20	23.37	1.56	6.66	59.14
$9^{\#}$	10.67	23.74	1.93	7.56	56.45
$13^{\#}$	12.05	26.75	1.92	7.07	57.29
$19^{\#}$	9.32	27.05	1.94	7.77	43.06

3.2.2　渗透性特征

煤层渗透性是评价煤层气在储层中流动难易程度的重要参数，渗透性的高低对煤层气地面的开发效果有着决定性作用，对煤层气的生产有着十分重要的影响。本书收集并统计了研究区各煤田钻孔和煤层气井的试井渗透率数据，见表 3-6，并实地采集煤样进行了实验室渗透率的测试。

表 3-6　研究区煤储层试井渗透率

煤层编号	井号	渗透率/mD	煤层编号	井号	渗透率/mD
$2^{\#}$	K42-3	0.016 7	$7+8^{\#}$	K42-3	0.023 2
	K42-4	0.016 5		K42-4	0.009 7
	K41-3	0.050 0		K41-2	0.021 8
	XD	0.028 1		K41-3	0.260 0
$3^{\#}$	K41-2	0.575 9		YW-S1R	0.005 6
	DSH	0.025 7		YW-01	0.149 0
	SB	0.001 0		YW-04	0.166 0
$8\text{-}1^{\#}$	YW-02	0.870 0	$13^{\#}$	YW-S1R	0.023 0
$9^{\#}$	YW-S1R	0.005 8		LNP	0.002 0
	YW-04	0.051 0	$16^{\#}$	YW-02	0.270 0
$18^{\#}$	YW-02	0.530 0	$19^{\#}$	YW-S1R	0.025 0

由表3-6可知,研究区渗透率波动范围较大,介于0.001 0～0.870 0 mD之间,考虑到大部分煤储层渗透率低于0.1 mD,因此采用傅雪海等(2007)划分的渗透储层标准,当渗透率大于1 mD时为高渗储层,渗透率介于0.1～1 mD时为中渗储层,渗透率介于0.01～0.1 mD时为低渗储层,渗透率小于0.01 mD时为特低渗储层。

根据此划分标准可知,研究区属于特低渗至中渗透储层,大部分为低渗透储层,如图3-8所示。其中,2#煤层渗透率介于0.016 5～0.050 0 mD之间,平均0.027 8 mD,属于低渗透煤储层;3#煤层渗透率介于0.001 0～0.575 9 mD之间,平均0.200 9 mD,属于特低渗至中渗透煤储层;7+8#煤层渗透率介于0.005 6～0.260 0 mD之间,平均0.090 8 mD,属于特低渗至中渗透煤储层;8-1#煤层渗透率为0.870 0 mD,属于中渗透煤储层;9#煤层渗透率介于0.005 8～0.051 0 mD之间,平均0.028 4 mD,属于特低渗至低渗透煤储层;13#煤层渗透率介于0.002 0～0.023 0 mD之间,平均0.012 5 mD,属于特低渗至低渗透煤储层;16#煤层渗透率为0.270 0 mD,属于中渗透煤储层;18#煤层渗透率为0.530 0 mD,属于中渗透煤储层;19#煤层渗透率为0.025 0 mD,属于低渗透煤储层。

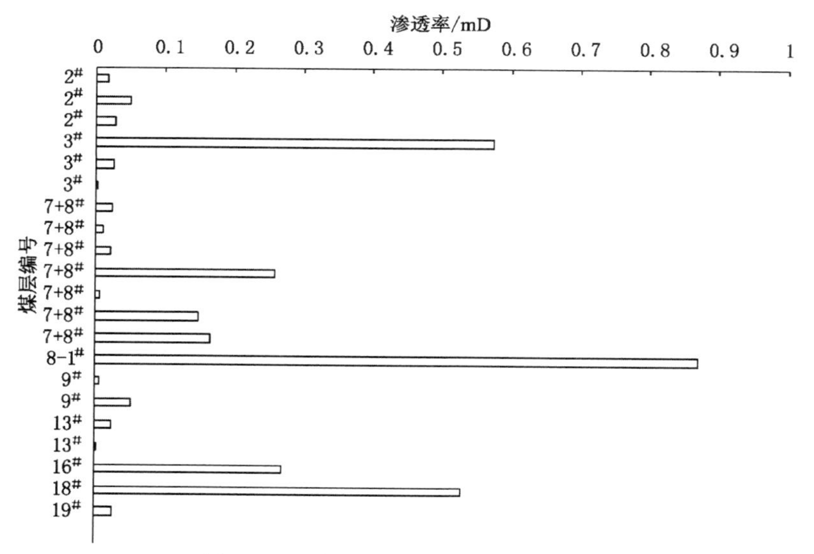

图3-8　研究区煤层渗透率层位分布

由图3-8和图3-9可知,研究区煤层渗透率随着煤层层位的降低并无明显递增或递减的规律,而是呈现出“波动式”的规律变化。

测试渗透率在中国矿业大学煤层气资源与成藏过程教育部重点实验室完成，所采集样品规格为 ϕ50×25 mm，共 18 块样品，采用克氏渗透率测试仪器 PDP-200 并依据 SY/T 6385—2016 完成测试，部分统计结果见表 3-7。在测试压力设定为一定值时，设置围压范围为 4～16 MPa，递增梯度设置为 2 MPa，测试煤样渗透率。可以发现，煤样渗透率均随着围压的升高而呈现幂指数降低的规律，关系式拟合相关度 R^2 均达到了 0.95 以上，如图 3-10 所示。

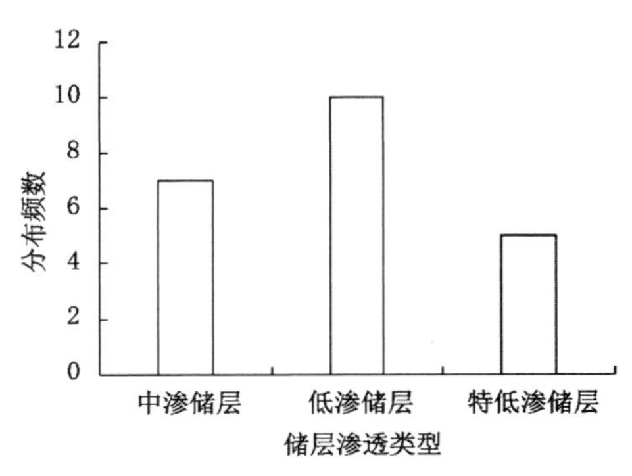

图 3-9 研究区渗透性储层频数分布

表 3-7 研究区部分煤样测试渗透率

煤样编号	测试压力/MPa	围压/MPa	渗透率/mD	煤样编号	测试压力/MPa	围压/MPa	渗透率/mD
DS2#	2	4	0.023 8	SJ3#	2	4	0.004 8
		6	0.015 7			6	0.002 4
		8	0.008 9			8	0.001 4
		10	0.005 7			10	0.000 8
		12	0.004 1			12	0.000 5
		14	0.002 8			14	0.000 4
		16	0.002 1			16	0.000 2
SB7＋8#	2	4	0.028 9	HF13#	2	4	0.297 9
		6	0.018 1			6	0.121 2
		8	0.010 2			8	0.063 7
		10	0.006 9			10	0.038 7
		12	0.004 7			12	0.024 5
		14	0.003 5			14	0.016 4
		16	0.002 7			16	0.011 2

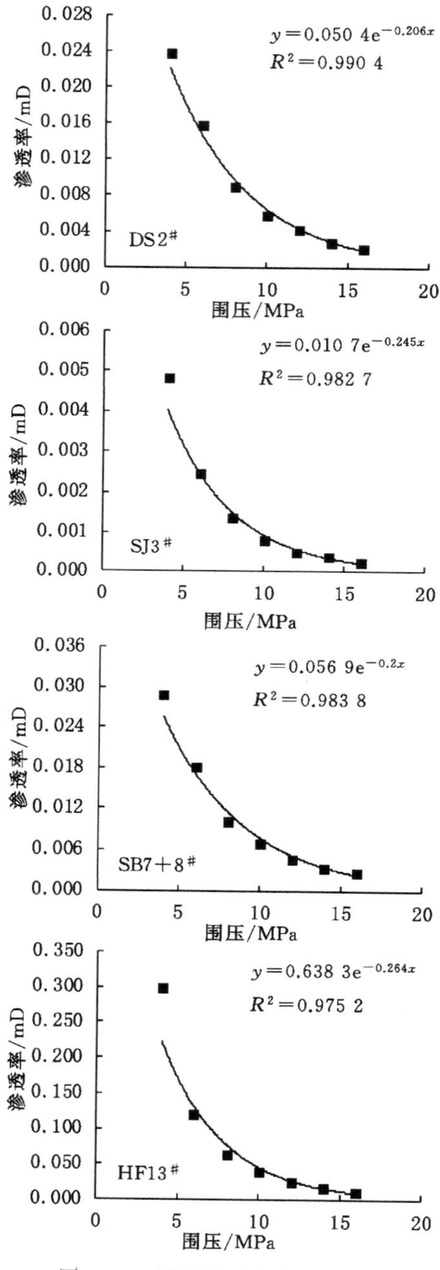

图 3-10　测试渗透率与围压关系

为了近似查明采集煤样的原位渗透率大小，在此通过计算上覆压力来替代围压，进而通过测试关系式得出计算渗透率：

$$p_{上覆}=\rho gh \tag{3-1}$$

式中　$p_{上覆}$——上覆地层压力，MPa；

ρ——平均上覆地层密度，cm^3/g；

g——重力加速度，9.8 kPa/m；

h——煤样埋深，m。

通过近似计算，样品的渗透率介于0.004 8～0.155 1 mD之间，平均0.044 9 mD，见表3-8，可划分为特低渗至中渗透煤储层，与测试井结果划分的类型一致。

表3-8　煤样计算渗透率统计结果

煤层编号	埋深/m	上覆压力/MPa	计算渗透率/mD
DS2#	350	8.232	0.009 2
SJ3#	140	3.293	0.004 8
HD3#	160	3.763	0.018 0
XB3#	260	6.115	0.155 1
SJ7#	360	8.467	0.049 7
SB7+8#	450	10.584	0.056 8
HF13#	550	12.936	0.021 0

3.2.3　孔裂隙特征

(1) 煤层裂隙特征

煤层的裂隙发育特征在一定程度上影响着渗透率的大小，矿物充填裂隙后，会降低煤储层渗透率。根据研究区煤样裂隙的观测资料可知，雨旺区块煤层裂隙较为发育，填充物多为方解石，按照每5 cm测量的裂隙条数计算裂缝密度，结果见表3-9。

表 3-9　主力煤层裂隙特征

煤层编号	高度/cm	密度/(条/5 cm)	填充物
3#	1.5	16～25	致密方解石
7+8#	0.2	3～4	/
9#	1.0	11～12	方解石
13#	1.1	10	方解石脉
16#	2.0	10～16	方解石脉
19#	0.6	8	/

(2) 煤层孔隙特征

研究区煤样压汞试验在贵州煤田地质局完成测试分析，主要测试内容包括孔隙大小、孔径的分布和类型等，见表 3-10。

表 3-10　压汞试验结果统计

煤层编号	孔容/(cm^3/g)	比表面积/(m^2/g)	中值孔径/nm		平均孔径/nm	孔隙度/%	退汞效率/%
			体积法	面积法			
2#	0.022 4	6.458	/	8.0	27.0	6.13	83.9
3#	0.021 2	6.631	18.8	8.1	15.7	3.64	91.9
	0.019 1	4.962	35.3	8.1	19.3	3.68	78.8
	0.017 5	5.671	20.3	7.9	16.2	3.33	94.1
7#	0.020 2	6.196	59.9	8.1	21.0	4.44	89.1
7+8#	0.019 5	6.271	/	8.0	26.7	1.45	94.4
13#	0.024 1	7.687	21.8	8.0	16.6	4.39	91.5

测试结果显示，样品总孔容为 0.019 1～0.024 1 cm^3/g，平均 0.020 6 cm^3/g；比表面积为 4.962～7.687 m^2/g，平均 7.313 m^2/g；孔隙度为 1.45～6.13%，平均 3.87%。

由此显示出研究区煤层的总孔容和孔隙度较低。根据广泛使用的霍多特十进位分类法进行煤样孔径的划分，如图 3-11 所示，大孔孔容占 4.83%～10.33%，平均 6.21%；中孔孔容占 5.71%～8.67%，平均6.75%；过渡孔孔容占 41.94%～46.35%，平均 45.01%；微孔孔容占 39.06%～43.36%，平均 42.04%。明显发现测试煤样中的过渡孔和微孔所占孔容比例很高，而大孔和中孔所占孔容比例较低，说明研究区煤层中的孔隙主要为微孔和过渡孔，大孔和中孔占较少部分，有利于煤层气的吸附作用。

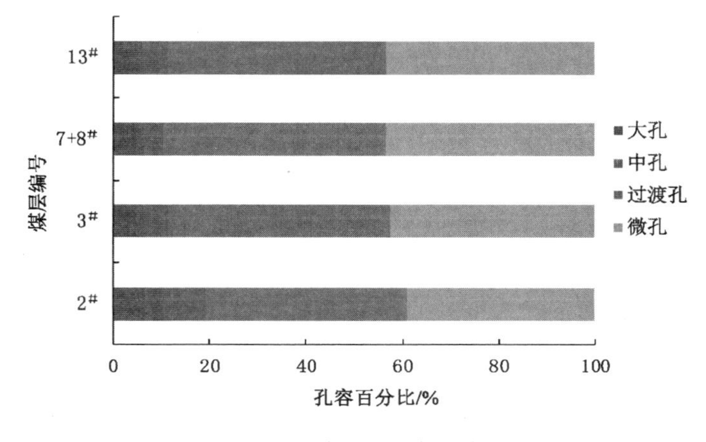

图3-11 煤样孔径与孔容关系

孔隙可以分为有效孔和封闭孔两种类型。当压力小于或等于封闭孔对应的压力时，封闭孔内的汞会全部退出，进退汞不存在体积差；当存在有效孔中的细颈瓶状孔时，会出现进退汞体积差，且差值越大表明连通性越好。因此，可根据进退汞曲线特征进行孔隙形态的分析和评价，如图3-12所示。

Ⅰ类孔隙形态为2#、3#、13#煤样，开始在低压阶段进汞量相对较大，在10 MPa之后迅速上升，说明大孔和中孔占比较高，“滞后环”较为明显，进退汞体积差大，说明其孔隙具有开放性，连通性较好。

Ⅱ类孔隙形态为7+8#煤样，开始在低压阶段进汞量增加迟缓，在10 MPa之后迅速上升，表明主要进汞量集中在过渡孔和微孔，退进汞曲线大致平行，“滞后环”最不明显，半封闭孔较为发育，且退汞效率高达94.4%，孔隙连通性较差。

3.2.4 储层压力

由研究区试井资料（表3-11）可知，如图3-13所示，煤储层压力在3.71～10.85 MPa之间，平均6.77 MPa，整体上随着埋深增加而增大，在埋深约750 m之前缓慢增加，在之后储层压力增加迅速，深部能量高于浅部。压力系数介于0.63～1.43之间，变化范围比较大，煤储层欠压、常压和超压状态都有分布，平

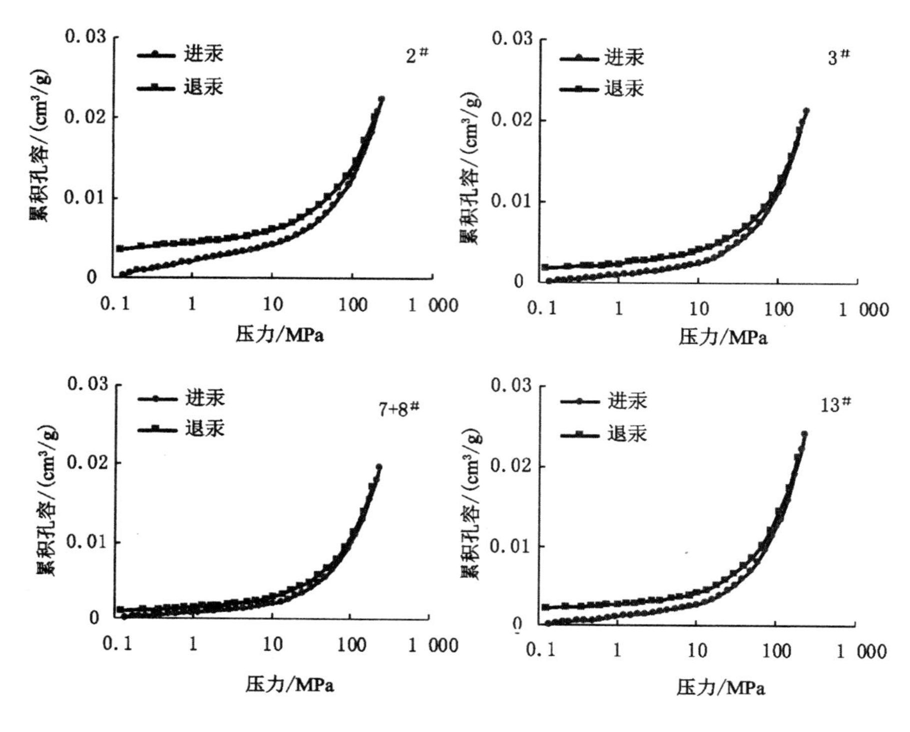

图 3-12　煤样压汞曲线

均0.99，属于常压状态。压力系数随埋深呈先降低后增加的趋势，煤层在较浅部和深部基本处于超压状态，而在中间层位欠压分布较多。

表 3-11　研究区煤层气井试井数据统计

井位	煤层编号	埋深/m	储层压力/MPa	渗透率/mD	破裂压力/MPa	闭合压力/MPa
K42-3	2#	633.07	7.79	0.016 7	16.65	15.26
	7+8#	683.33	7.72	0.023 2	16.33	15.08
K42-4	2#	782.15	9.31	0.016 5	18.07	17.86
	7+8#	834.70	10.85	0.009 7	18.15	17.10
K41-3	2#	540.39	7.78	0.050 0	12.76	11.04
	7+8#	581.88	3.71	0.260 0	10.26	9.75

表 3-11(续)

井位	煤层编号	埋深/m	储层压力/MPa	渗透率/mD	破裂压力/MPa	闭合压力/MPa
K41-2	3#	504.64	5.81	0.575 9	13.63	12.30
	7+8#	550.92	6.08	0.021 8	12.03	11.32
YW-S1R	7+8#	680.95	5.72	0.005 6	19.00	18.54
	9#	701.55	6.31	0.005 8	20.06	19.70
	13#	727.30	6.13	0.023 0	20.12	19.59
	19#	787.95	5.87	0.025 0	18.86	18.42
YW-01	7+8#	720.11	7.42	0.149 0	14.29	13.47
YW-02	8-1#	644.41	5.87	0.870 0	11.79	12.31
	16#	699.59	7.37	0.270 0	14.45	15.06
	18#	724.93	7.47	0.530 0	10.86	11.72
YW-04	7+8#	616.05	6.59	0.166 0	13.86	13.39
	9#	637.30	7.71	0.051 0	15.55	15.17

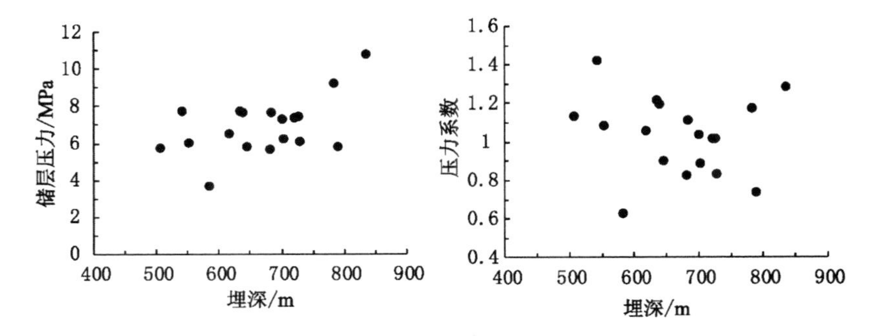

图 3-13　储层压力、压力系数与埋深的关系

3.2.5　地应力

地应力对煤层渗透率的大小有着重要的影响，其中最小水平主应力对渗透性的影响最大，且煤样的渗透率随着地应力的变化大多呈指数变化(孙良忠等，2017；Ju 等，2018)。地应力主要由上覆岩层压力、地层孔隙压力和构造应力三部分构成，其三个主应力分别以最大水平主应力 $\sigma_{h,max}$、最小水平主应力 $\sigma_{h,min}$、垂向应力 σ_v 来描述。

研究区地应力的实测值通过注入/压降试井方法来获取，其中最小水平主应力即为试井闭合压力，根据试井参数可以计算出最大水平主应力：

$$\sigma_{h,max}=3\sigma_{h,min}-p_p-p_f+T \tag{3-2}$$

式中 $\sigma_{h,max}$——最大水平主应力，MPa；

$\sigma_{h,min}$——最小水平主应力，MPa；

p_p——储层压力，MPa；

p_f——破裂压力，MPa；

T——抗拉强度，MPa。

垂向应力(σ_v)按 Brown 等(1978)给出的关系估算，即：

$$\sigma_v=0.027H \tag{3-3}$$

式中 H——埋深，m。

通过试井计算研究区三向地应力可知(见表 3-12)，垂向应力介于 13.78～21.28 MPa 之间，平均 17.07 MPa；最小水平主应力介于 9.75～19.70 MPa 之间，平均 14.73 MPa；最大水平主应力介于 12.82～32.97 MPa 之间，平均 21.96 MPa。三向地应力均与埋深有线性关系，随埋深的增加而增大，如图 3-14 所示。

表 3-12 三向地应力计算结果

井位	煤层编号	埋深/m	垂向应力/MPa	最小水平主应力/MPa	最大水平主应力/MPa	最小水平主应力梯度/(MPa/100 m)
K42-3	2#	633.07	16.14	15.26	21.58	2.41
	7+8#	683.33	17.42	15.08	21.43	2.21
K42-4	2#	782.15	19.94	17.86	26.44	2.28
	7+8#	834.70	21.28	17.10	22.54	2.05
K41-3	2#	540.39	13.78	11.04	12.82	2.04
	7+8#	581.88	14.84	9.75	15.52	1.68
K4117-2	3#	504.64	12.87	12.30	17.70	2.44
	7+8#	550.92	14.05	11.32	16.09	2.05
YW-S1R	7+8#	680.95	17.36	18.54	31.14	2.72
	9#	701.55	17.89	19.70	32.97	2.81
	13#	727.30	18.55	19.59	32.76	2.69
	19#	787.95	20.09	18.42	30.77	2.34

表 3-12(续)

井位	煤层编号	埋深/m	垂向应力/MPa	最小水平主应力/MPa	最大水平主应力/MPa	最小水平主应力梯度/(MPa/100 m)
YW-01	7+8#	720.11	18.36	13.47	18.94	1.87
YW-02	8-1#	644.41	16.43	12.31	17.43	1.91
	16#	699.59	17.84	15.06	21.16	2.15
	18#	724.93	18.49	11.72	13.63	1.62
YW-04	7+8#	616.05	15.71	13.39	19.96	2.17
	9#	637.30	16.25	15.17	22.49	2.38

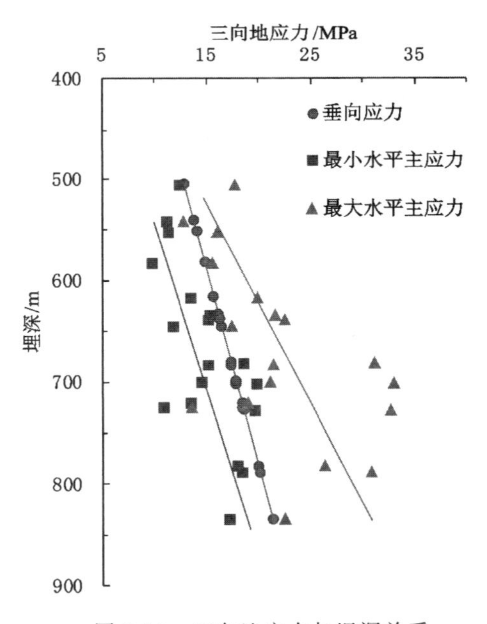

图 3-14　三向地应力与埋深关系

依据相关划分标准，当最大水平主应力小于 10 MPa 时划分为低等地应力状态，当最大水平主应力在 10～18 MPa 之间时划分为中等地应力状态，当最大水平主应力在 18～30 MPa 之间时划分为高等地应力状态，当最大水平主应力大于 30 MPa 时划分为超高等地应力状态。可以看出，研究区中等、高等和超高等地应力均有发育，其中高等地应力居多，最小水平主应力梯度大部分大于 2 MPa/100 m，整体上属于高应力区。水平主应力与储层压力并不是简单的正相关关系，较高的地应力会使储层物性变差，渗透性降低，进而导致储层内部流体与外界沟通减弱，形成应力封闭，导致局部超压状态的产生，如图 3-15 所示。

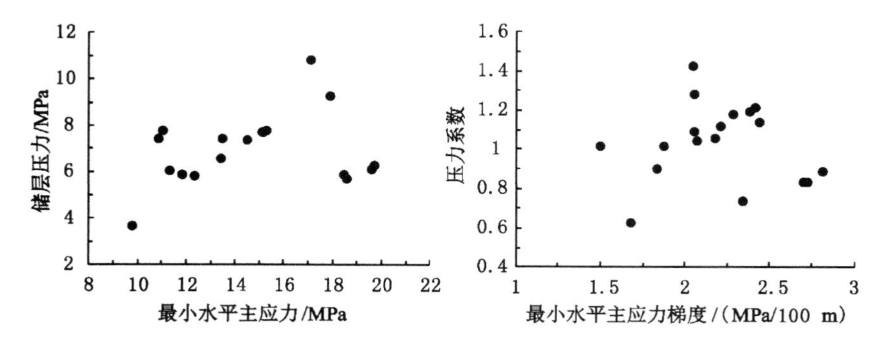

图 3-15　水平主应力与储层压力的关系

煤层渗透性与地应力状态是煤层气勘探的重要参数，经研究发现，煤层渗透性随着有效应力的增大而降低(Ju 等，2018；Zhao 等，2019)。研究区渗透率与水平主应力之间有着良好的负幂指数关系，且随着埋深和最小水平主应力梯度的增加而降低。垂向应力对渗透率的控制实质为埋深对渗透率的控制，垂向应力与埋深有着良好的线性关系，随埋深的增加而增大，导致煤储层孔裂隙被压缩，渗透率随之减小，如图 3-16 所示。

3.2.6　力学性质

煤的不均一性使其在力学性质方面与其他岩石有较大差别，本节着重考虑压力对煤岩杨氏模量和泊松比的影响，设定温度为常温，自然环境干燥。

此次所选用的仪器为中国矿业大学资源学院 WES-D1000 型高压伺服压力试验机。本次试验的煤样全部取自研究区 2#、3#、7+8#、13# 煤层，对样品进行切割、打磨处理，制备成符合测试要求的样品，样品规格为 $\phi 50\times 80$ mm 的圆柱体，共 6 块煤样。准备完成后进行单轴压缩试验，测试煤岩的杨氏模量和泊松比。试验测试仪器如图 3-17 所示。

数据处理：在试验过程中记录样品的破坏载荷，煤样所受到的应力即是测试仪器所加载的载荷与煤样横截面积之比，应变值通过贴在煤样相互对应两侧的应变片的平均值计算获得，最后根据计算机所记录的数据点绘制应力-应

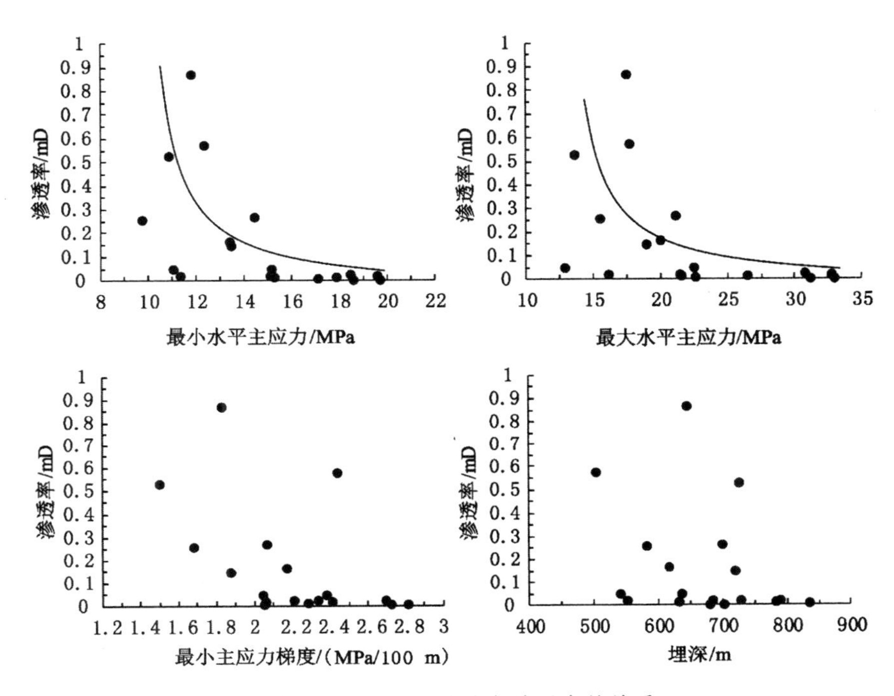

图 3-16　三向地应力与渗透率的关系

变图，计算公式如下：

$$E_{50}=\frac{\sigma_{50}}{\varepsilon_{h50}} \tag{3-4}$$

式中　E_{50}——杨氏模量，GPa；

σ_{50}——50%抗压强度时的应力值，MPa；

ε_{h50}——50%抗压强度时的纵向应变值。

$$\mu=\frac{\varepsilon_{d50}}{\varepsilon_{h50}} \tag{3-5}$$

式中　μ——泊松比；

ε_{d50}——50%抗压强度时的横向应变值；

ε_{h50}——50%抗压强度时的纵向应变值。

经试验发现，研究区煤层的杨氏模量及泊松比波动范围较大，杨氏模量介于 0.37～4.65 GPa 之间，平均 2.11 GPa；泊松比介于 0.18～0.28 之间，平均 0.21。在此结合沁水盆地无烟煤力学性质(表 3-13)，杨氏模量平均 7.82 GPa，

图 3-17 WES-D1000 型高压伺服压力试验机

泊松比平均 0.24。可以看出,研究区相对于沁水盆地无烟煤的泊松比较接近,而杨氏模量更小,煤质较为碎软,如图 3-18 所示。

表 3-13 沁水、滇东盆地煤岩力学试验成果对比表

盆地	煤样编号	杨氏模量/GPa	泊松比
滇东	LC02	3.81	0.28
	LC05	4.65	0.18
	LC06	0.75	0.19
	LC07	1.49	0.23
	LC08	0.37	0.18
	LC09	1.59	0.21
沁水	FS03	4.29	0.18
	CZ03	5.26	0.18
	SJZ15	5.17	0.29
	WJZ15	16.54	0.30

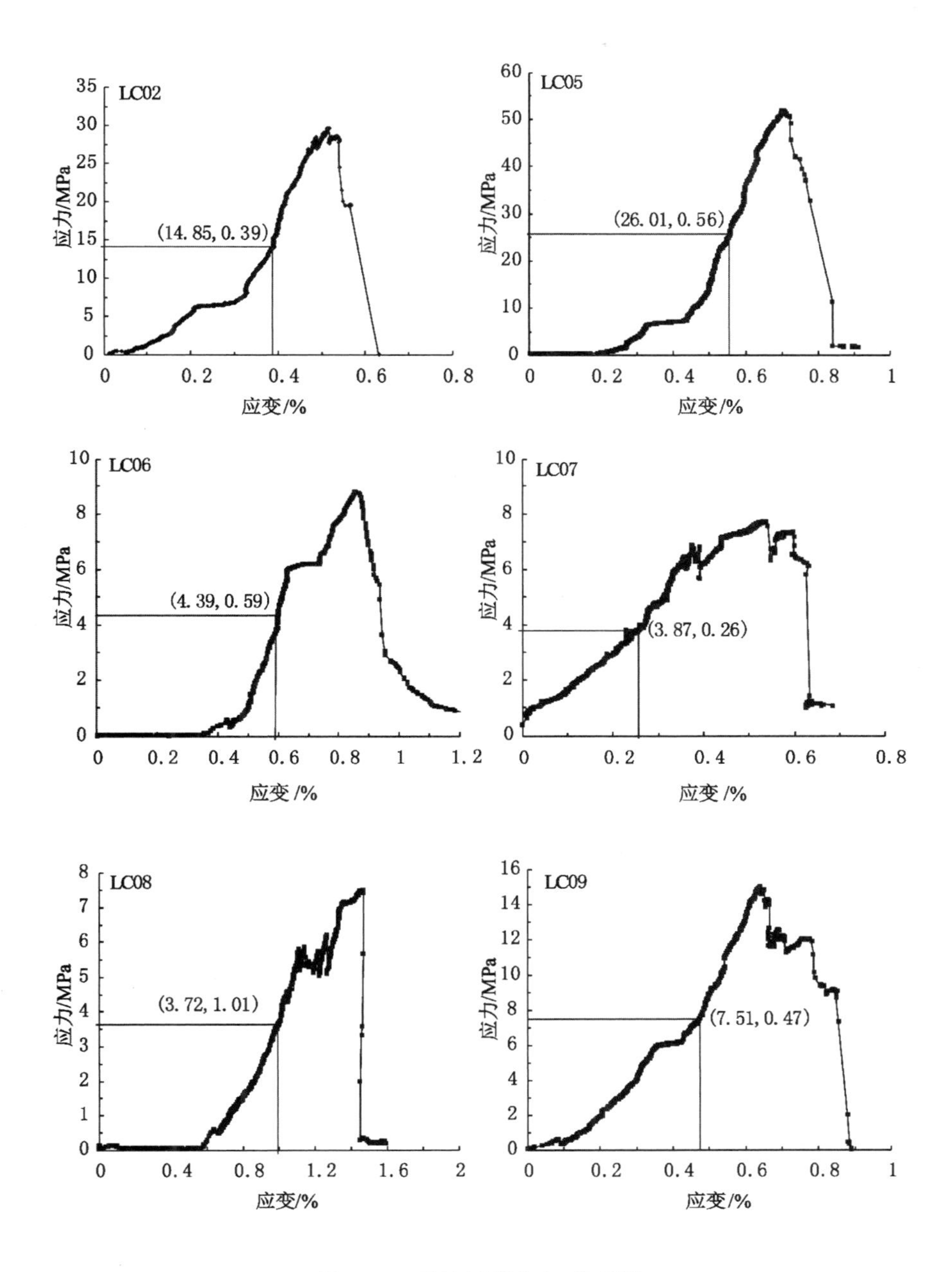

图 3-18　单轴压缩应力-应变图

3.3 测井解释方法

由于煤层气试井层位的局限性，且成本较高，因此为了全层位分析多煤层煤岩储层物性，必须借助测井解释来进行分析和预测。煤层在测井解释中具有三个电性特征：一是煤层的“三高”特征，即高电阻率值，数值变化大；高补偿中子值；高声波时差。二是煤层的“两低”特征，即低自然伽马值，低体积密度值。三是煤层的扩径率较大。根据已有煤层气井资料对煤储层压力等关键物性参数进行测井解释，并结合试井和水头高度等资料进行校正分析，本次研究中涉及的测井解释方法详述如下。

3.3.1 孔隙度

孔隙度是煤储层物性的一个重要参数，中子、密度和声波时差测井通过不同的物理方法可以反映出煤的孔隙度大小。由于煤岩储层结构的复杂性，单一曲线的测井方法不能全面反映煤层孔隙度，所以此次采用三种测井曲线进行解释。其表达式如下：

$$\varphi = k_1 \times \mathrm{DT} + k_2 \times \mathrm{DEN} + k_3 \times \mathrm{CNL} + k_0 \tag{3-6}$$

式中 φ——煤层孔隙度；

DT——煤层的纵波时差值，μs/m；

DEN——煤层密度值，g/cm^3；

CNL——补偿中子值，pu；

k_0、k_1、k_2、k_3——方程回归参数。

3.3.2 渗透率

煤储层渗透率对煤层气地面开发的效果有很多影响，煤层渗透率的大小与孔隙度的发育情况有直接关系，通过孔隙度与渗透率的拟合方法得出渗透率的多项式回归方程，计算公式如下：

$$K = a + b \times x + c \times \mathrm{e}^x + d \times \ln^2(x) \tag{3-7}$$

式中 K——煤层渗透率，mD；

x——煤层孔隙度，%；

a、b、c、d——方程回归系数。

3.3.3 含气量

含气量的大小是煤层气开发的重要参数，能够对其进行准确预测具有重要意义。预估方法有很多种，但不同方法之间存在一定的差异。基于以上考虑，在此运用组合法（梁红艺等，2016）预测，最大程度减小误差，计算公式如下：

$$V = a \times V_{DEN} + b \times V_{KIM} + c \times V_{IC} + d \tag{3-8}$$

式中　V——组合法预测值，m^3/t；

V_{DEN}——密度测井值，m^3/t；

V_{KIM}——KIM方程测井值，m^3/t；

V_{IC}——工业组分测井值，m^3/t；

a、b、c、d——方程回归系数。

经与实测值拟合分析（图3-19），孔隙度预测模型相对误差除个别外基本处于10%以内，渗透率预测模型相对误差除个别外基本处于25%以内，含气量预测相对误差除个别外基本处于10%以内，见表3-14。

表3-14　测井解释计算值与实测值误差分析

孔隙度/%		相对误差/%	渗透率/mD		相对误差/%	含气量/(m^3/t)		相对误差/%
计算值	实测值		计算值	实测值		计算值	实测值	
3.27	3.08	6.17	0.1113	0.2400	53.62	9.57	9.27	3.13
3.71	3.74	0.80	0.037 8	0.030 0	22.83	9.91	10.26	3.53
3.78	3.92	3.57	0.128 7	0.110 0	17.01	10.15	10.93	7.68
3.90	3.83	1.83	0.003 7	0.005 6	33.31	11.21	10.18	9.19
3.99	4.31	7.42	0.004 3	0.005 8	23.62	11.75	12.44	5.87
4.34	4.61	5.86	0.026 1	0.023 0	13.54	12.31	11.23	8.77
4.80	4.55	5.49	0.015 3	0.016 0	4.25	12.92	11.65	9.83
5.13	4.78	7.32	0.553 9	0.870 0	36.33	13.4	14.29	6.64
5.21	4.87	6.98	0.248 4	0.270 0	8.02	14.1	15.07	6.88
5.21	4.73	10.15	0.505 6	0.530 0	4.60	15.42	13.63	11.61

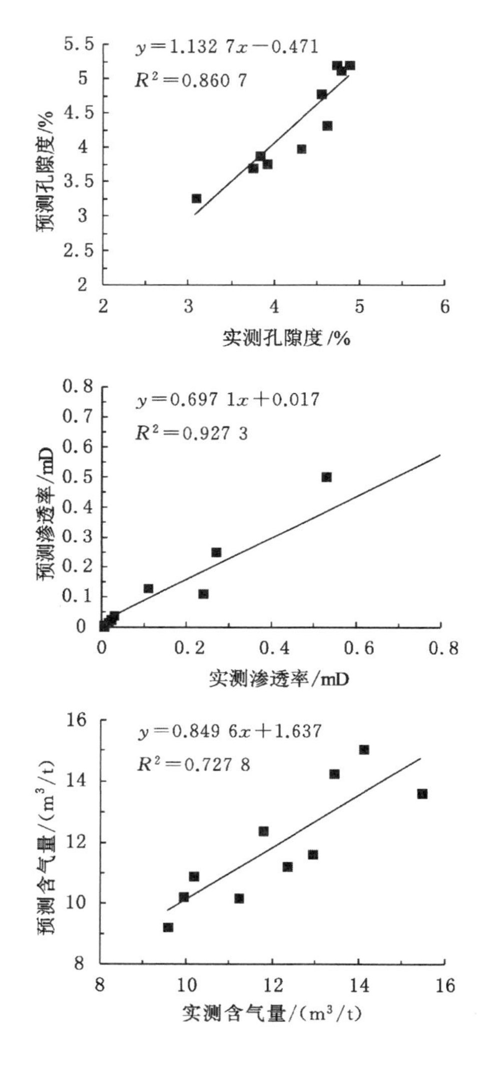

图 3-19 预测值与实测值拟合关系

3.3.4 煤体结构

煤体结构不仅是煤层在构造变动过程中所形成的结构特征，同时也是演化过程中应力作用对其破坏程度的表现。如果构造应力过强，煤中的裂缝系统可能遭到破坏和填充，渗透性就会变差。煤体结构也是后期对产层进行改造的关键因素，垂向上不同层位的煤层其煤体结构不同，对合采开发有很大影响。因此，准确识别煤体结构具有重要意义。煤体结构一般可分为Ⅰ类、Ⅱ类和Ⅲ类煤，其中Ⅰ类煤为原生结构煤，Ⅱ类煤为碎裂煤，Ⅲ类煤为碎粒煤或糜棱煤。在此采用以下两种方法进行煤体结构的测井解释，相互补充完善，并辅以实际岩芯照片进行验证。

方法1：根据地质强度因子GIS值（李广生等，2015；陶传奇等，2017）的划分方法，煤体结构共可分为原生结构煤、碎裂煤、碎粒煤及糜棱煤四类。当指数大于65时划分为原生结构煤，即Ⅰ类煤；当指数位于45～65之间时为碎裂煤，即Ⅱ类煤；当指数小于45时为碎粒煤及糜棱煤，即Ⅲ类煤。选取与煤体结构GIS值相关性较好的五种测井曲线作为参数，建立多元回归方程：

$$\mathrm{GIS} = a \times \mathrm{DT} + b \times \mathrm{DEN} + c \times \mathrm{CAL} + d \times \mathrm{GR} + e \times \ln(\mathrm{LLD}) + f \tag{3-9}$$

式中　GIS——地质强度因子；

DT——煤层的纵波时差值，μs/m；

DEN——煤层密度值，g/cm^3；

CAL——井径测井值，cm；

GR——自然伽马值，api；

LLD——深侧向电阻率测井值，Ω·m；

a、b、c、d、e、f——方程回归系数。

煤体结构中的Ⅰ类、Ⅱ类和Ⅲ类煤各自对应不同的GSI值（图3-20），而且所对应的五种曲线响应特征不同，GSI值越大说明结构越完整。Ⅰ类煤结构较为完整致密，不易扩径，密度值相对较高，声波穿过煤层用时较短，单位体积的放射性物质含量相对较高，且导电离子不易迁移，导致深侧向电阻率较高。Ⅲ类煤相比结构较为破碎，在钻井过程中容易发生扩径，密度值较低，声波穿过煤层用时较长，单位体积的放射性物质含量有所下降，但是导电离子更容易发生迁移而使电阻率降低。Ⅱ类煤结构介于二者之间，可通过参数指标进行划分。

方法2：谢学恒等（2013）通过研究不同煤体结构的测井响应特征，提出了计算指数 n 值的方法。该方法采用的煤层样本均为无烟煤，与研究区范围内

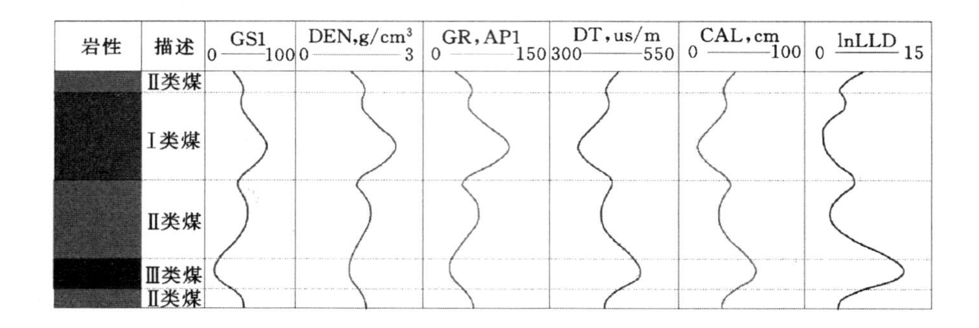

图 3-20　不同煤体结构的测井响应特征

的煤级一致。计算公式如下：

$$n=\frac{DT\times CAL}{100\times DEN^{2}} \tag{3-10}$$

式中　n——煤体结构指数；

DT——煤层的纵波时差值，μs/m；

DEN——煤层密度值，g/cm^3；

CAL——井径测井值，cm。

本书主要依据方法1进行了煤体结构测井解释，划分出Ⅰ类、Ⅱ类和Ⅲ类煤。研究区部分煤体结构测井解释结果见表3-15。为验证煤体结构测井解释方法的合理性，选取典型井YW-01井和YW-02井的主力煤层进行说明。如图3-21～图3-27所示，YW-01井7+8#煤厚3.5 m，整体以Ⅲ类煤为主，分布于煤层顶部和中部位置，其中Ⅰ类煤占35.7%，Ⅱ类煤占21.4%，Ⅲ类煤占42.9%。13#煤厚3.4 m，整体Ⅲ类煤占比较少，分布于煤层底部位置，其中Ⅰ类煤占50%，Ⅱ类煤占25%，Ⅲ类煤占25%。YW-02井16#煤厚1.4 m，整体以碎裂结构为主，少部分Ⅲ类煤分布于底部，其中Ⅰ类煤占25%，Ⅱ类煤占63%，Ⅲ类煤占13%。18#煤厚2.9 m，整体以碎裂结构为主，Ⅰ类煤占30.8%，Ⅱ类煤占61.5%，Ⅲ类煤占7.7%。可以看出，测井解释结果与取芯照片描述基本吻合。

表 3-15　研究区部分煤体结构测井解释结果

井位	煤层编号	煤厚/m	煤体结构所占比/%			井位	煤层编号	煤厚/m	煤体结构所占比/%		
			Ⅰ类	Ⅱ类	Ⅲ类				Ⅰ类	Ⅱ类	Ⅲ类
FCY-07	2#	1.77	55.6	33.3	11.1	YW-S1	2#	1.70	11.5	14.3	74.2
	3#	1.50	71.0	29.0	0		3#	1.68	58.8	23.6	17.6
	4#	1.15	66.7	30.0	3.3		4#	1.29	33.3	44.5	22.2
	7+8#	4.00	37.3	41.2	21.5		7+8#	5.24	12.3	13.3	74.4
	9#	2.80	24.5	48.9	26.6		9#	3.02	5.0	24.6	70.4
	13#	4.28	20.3	60.8	18.9		13#	1.30	80	20	0
	16#	4.85	41.8	48.9	9.3		16#	1.12	73.9	26.1	0
	18#	2.50	53.3	40.0	6.7		18#	6.09	83.6	16.4	0
	19#	0.62	70.0	10.0	20.0		19#	1.70	11.5	14.3	74.2
YW-01	2#	1.40	81.8	18.2	0	YW-02	2#	0.8	25.0	75.0	0
	3#	1.30	27.3	27.3	45.4		3#	0.8	100	0	0
	4#	1.10	66.7	0	33.3		4#	1.5	33.3	66.7	0
	7+8#	3.50	35.7	21.4	42.9		7+8#	3.4	14.3	78.6	7.1
	9#	1.90	56.2	37.5	6.3		9#	0.9	80	20	0
	13#	3.40	50.0	25.0	25.0		13#	1.1	0	80.0	20.0
	16#	0.70	16.7	66.7	16.6		16#	1.4	25.0	62.5	12.5
	18#	2.30	73.7	10.5	15.8		18#	2.9	30.8	61.5	7.7
	19#	1.40	81.8	18.2	0		19#	1.8	25.0	50.0	25.0
YW-03	2#	1.31	35.7	28.6	35.7	YW-04	2#	2.18	41.4	31.1	27.5
	3#	1.49	43.7	56.3	0		3#	/	34.2	42.2	23.6
	4#	1.06	63.6	36.4	0		4#	/	66.7	18.2	15.1
	7+8#	3.47	51.4	48.6	0		7+8#	2.86	12.5	87.5	0
	9#	2.23	0	16.7	83.3		9#	4.38	38.9	50	11.1
	13#	0.39	100	0	0		13#	2.58	14.3	60	25.7
	16#	2.86	36.7	50	13.3		16#	1.92	23.0	77.0	0
	18#	0.48	100	0	0		18#	2.33	43.8	56.25	0
	19#	6.89	38	28.7	33.3		19#	1.31	0	53	47

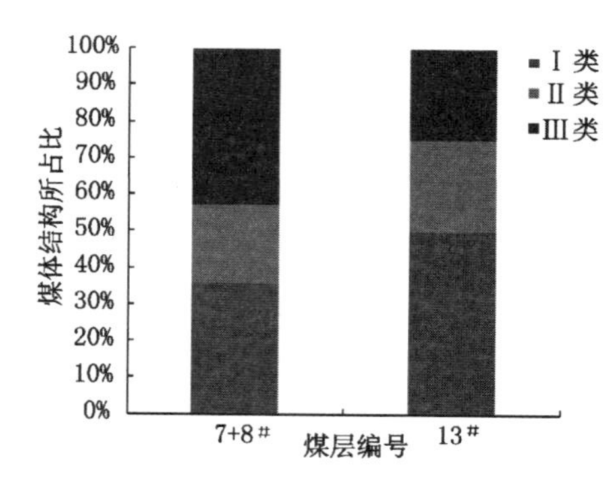

图 3-21　YW-01 井预测煤体结构所占比

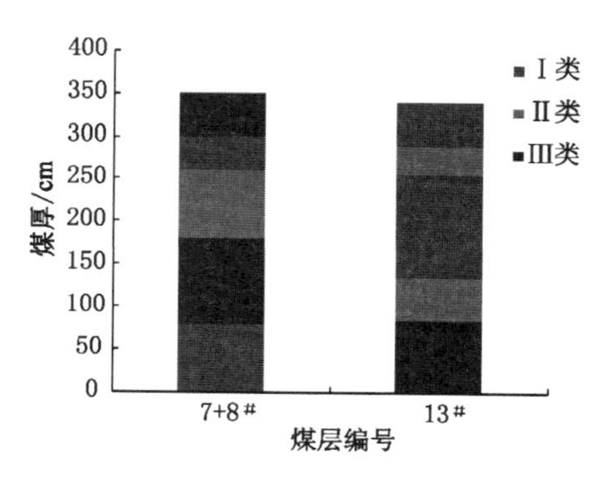

图 3-22　YW-01 井煤层结构分层

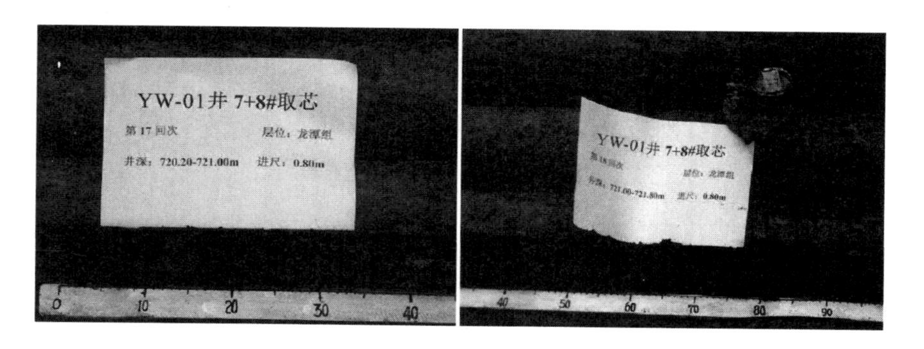

图 3-23　YW-01 井 7＋8# 煤取芯照片

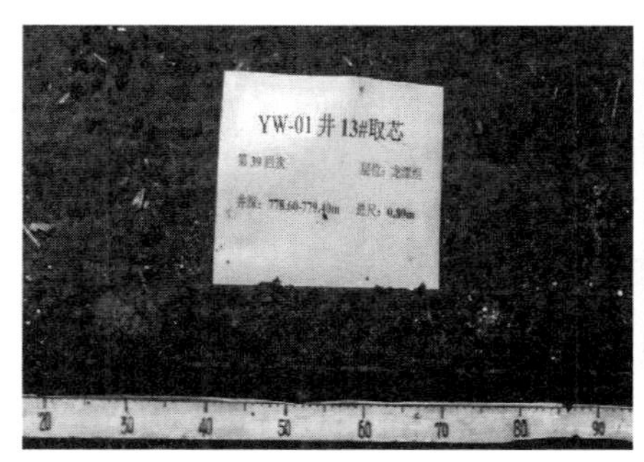

图 3-24　YW-01 井 13# 煤取芯照片

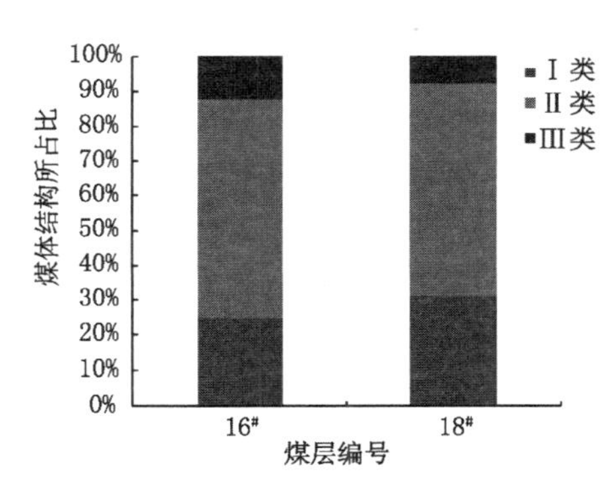

图 3-25　YW-02 井预测煤体结构所占比

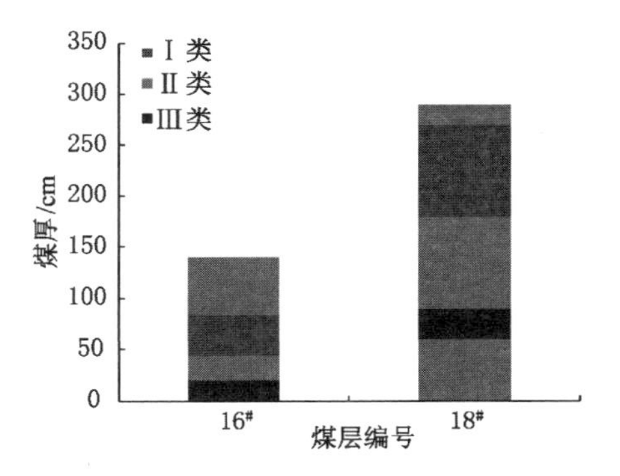

图 3-26　YW-02 井煤层结构分层

图 3-27　YW-02 井 16#、18# 煤取芯照片

对雨旺区块具有测井资料的 11 口煤层气井进行全层位的煤体结构解释，如图 3-28 和图 3-29 所示。由结果可以看出，研究区Ⅰ类煤、Ⅱ类煤和Ⅲ类煤均有不同程度的发育，其中Ⅰ类＋Ⅱ类煤居多，Ⅲ类煤占少部分。从各煤层的煤体结构所占比情况来看，整体上位于研究区的浅部和深部煤层的煤体结构较为完整，而中间层位的煤体结构较为破碎，其中 7＋8# 煤和 9# 煤的Ⅲ类煤占比最大，与取芯照片结果较为一致。

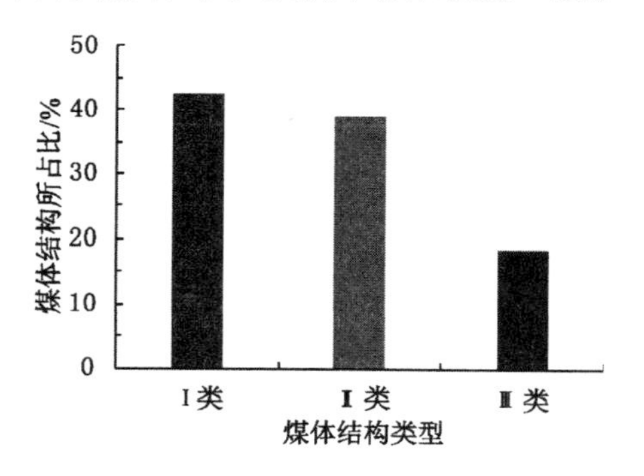

图 3-28　煤体结构类型所占比

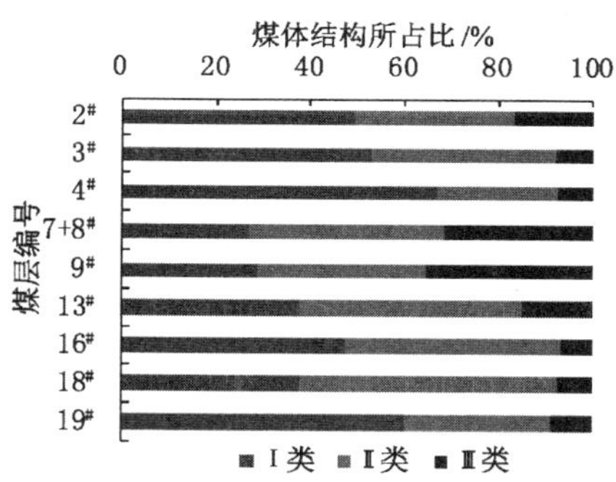

图 3-29　各煤层煤体结构所占比

3.3.5　储层压力

储层压力是地层孔隙流体所承受的压力，目前，利用测井资料计算和确定储层压力的方法有很多种，本次采取比较常用的伊顿法（Eaton，1975），这是一种经验关系法。通过建立正常压实趋势线，再依据趋势线来计算实际地层偏离正常压实曲线时的地层压力的大小，计算公式如下：

$$p = p_0 - (p_0 - p_n)\left(\frac{\Delta t_n}{\Delta t}\right)^C \tag{3-11}$$

式中 p——地层静液柱压力,MPa;

p_0——上覆岩层压力,MPa;

p_n——测试深度下的压力,MPa;

Δt_n——测试深度下所对应正常压实曲线上的纵波时差值,μs/m;

Δt——测试深度下的实际纵波时差值,μs/m;

C——伊顿常数。

首先对原始声波时差数据进行处理,每50个数据点求取1个平均值,将原始声波时差数据进行简化,可以较为明显地显示出纵波时差对数值与埋深的关系(图3-30)。将测井解释计算值与试井储层压力值进行对比,相对误差基本小于15%(图3-31),说明方法可行。

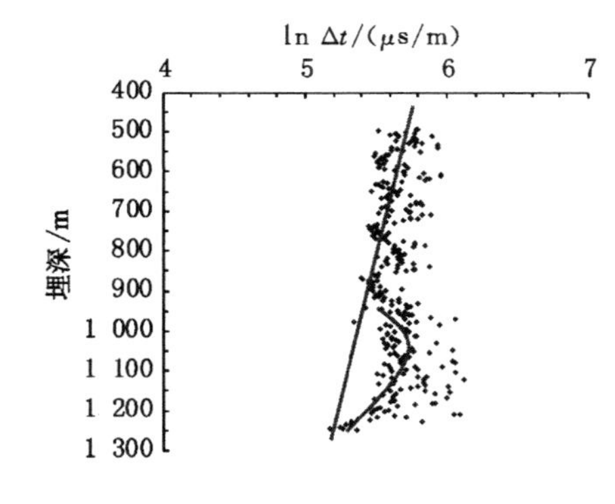

图3-30 声波时差对数值与埋深关系

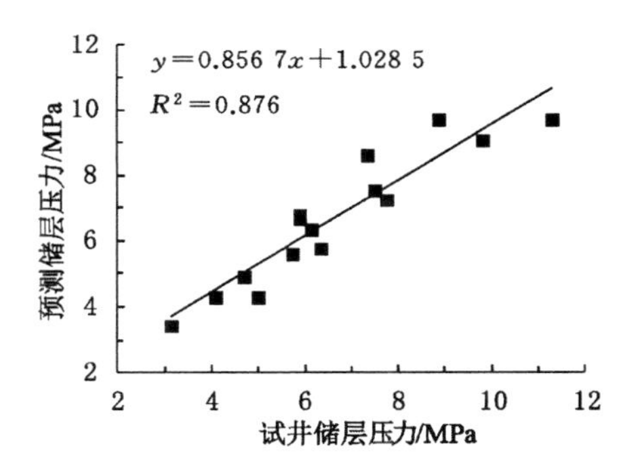

图3-31 储层压力预测值与试井值拟合关系

3.3.6 纵横波测试

煤岩的纵波速度与横波速度一定程度上可以反映出岩石的力学性质,因此能够成为评价参数来分析其与力学性质之间的关系。本次试验采用中国矿业大学资源学院的HKN-B型智能超声纵横波测试仪(图3-32)进行测试。

测试原理及方法:承载信息的纵波和横波在煤岩内传播时,其值为一定值,只和杨氏模量E、泊松比μ以及密度ρ等常数本身有关。从弹性理论可以推出以下各式:

图 3-32　HKN-B 型智能超声纵横波测试仪

$$v_{p}=\sqrt{\frac{E(1-\mu)}{\rho(1+\mu)(1-2\mu)}} \tag{3-12}$$

$$v_{s}=\sqrt{\frac{E}{2\rho(1+\mu)}} \tag{3-13}$$

当杨氏模量 E、泊松比 μ 以及密度 ρ 等常数确定时，那么在煤岩内传播的纵横波速度即为一确定值。此外，还可得出纵横波速度之比，见式(3-14)，即纵横波速之比只与泊松比 μ 有关，而与杨氏模量 E、密度 ρ 无关。

$$\frac{v_{p}}{v_{s}}=\sqrt{\frac{2(1-\mu)}{1-2\mu}} \tag{3-14}$$

本次试验的煤样全部取自雨旺区块 2#、3#、7+8#、13# 煤层，对样品进行切割、打磨处理，制备成符合测试要求的样品，样品规格为 $\phi50\times80$ mm 的圆柱体，共 5 块煤样。试验方法：使用超声脉冲穿透法，采集数据连续不间断，使用的触发方式为手动，通过计算机显示并记录纵波速度和横波速度的波形(图 3-33)，量得样品长度后除以自动检测出的“旅行”时间，计算结果为纵波速度 v_{p} 及横波速度 v_{s}。

超声波测试得出如下结果：

(1) 煤岩的纵波速度和横波速度存在一定范围的离散性。由于不同层位的煤岩内部结构状态、孔裂隙分布以及密度等不同，而造成实测纵波速度和横波速度结果有一定差异。研究区所测样品的纵波速度介于 1 816.78～2 328.15 m/s 之间，最大和最小值比为 1.28，标准差为 203.18 m/s，离散系数为9.8%。

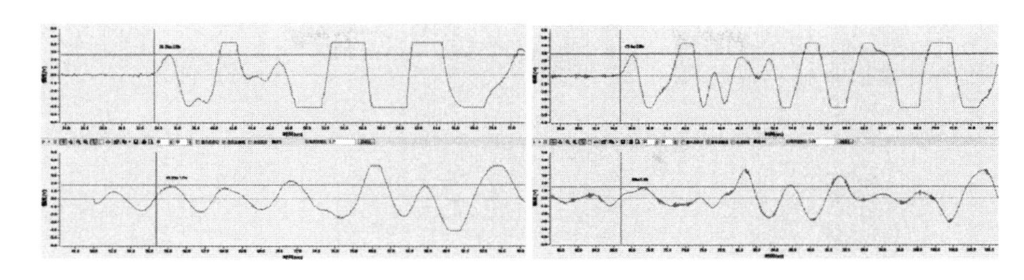

图 3-33　纵横波速度波形图

横波速度介于930.95～1 303.43 m/s之间，最大和最小值比为1.40，标准差为140.98 m/s，离散系数为7.8%。

(2) 压力与纵横波速度关系。结果显示在逐步加压过程中，纵波速度和横波速度均有不同程度的增大，图3-34所示为部分样品在压力下纵波速度和横波速度变化关系，发现二者服从线性函数回归或二次多项式关系，相关系数均处于0.9以上。

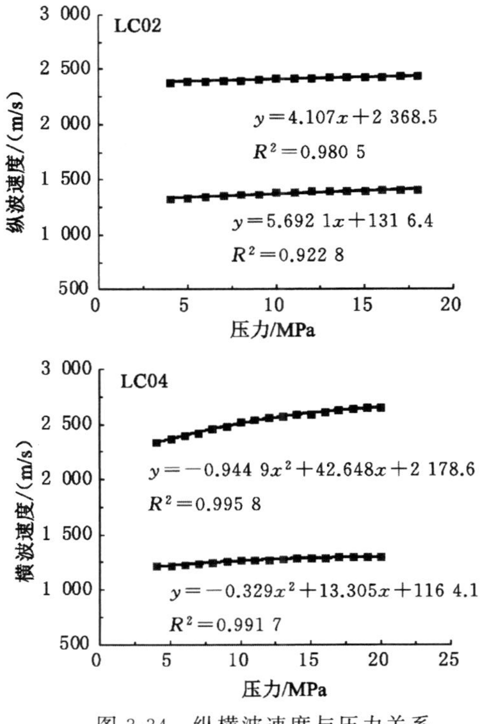

图 3-34　纵横波速度与压力关系

(3) 纵横波速在常温常压和地层压力的状态下相关性较好,实测结果服从线性函数回归关系,如图 3-35 所示。

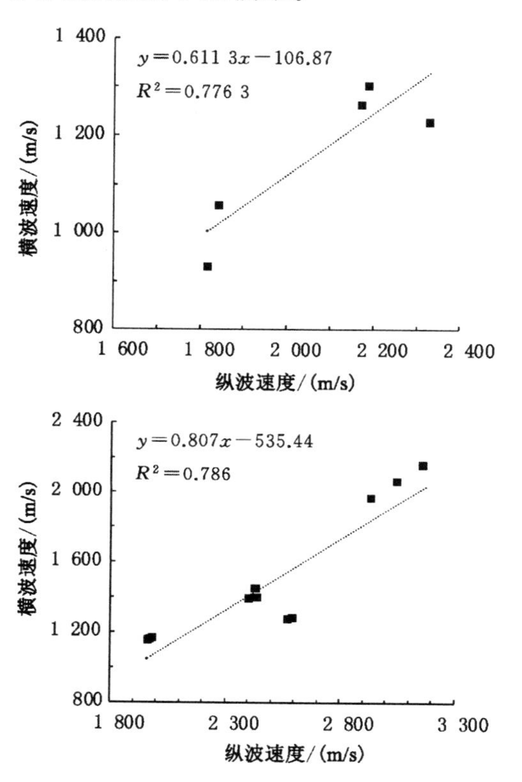

图 3-35 常温常压、地层压力下煤样纵横波速度关系

(4) 动态力学参数计算及其与纵横波速之间的关系。杨氏模量和泊松比的经验公式如下:

$$E = \rho v_s^2 \times \frac{3v_p^2 - 4v_s^2}{v_p^2 - v_s^2} \tag{3-15}$$

式中 E——杨氏模量,GPa;

ρ——煤样密度,g/cm^3;

v_p——纵波速度,μs/m;

v_s——横波速度,μs/m。

$$\mu = 0.5 \times \frac{v_p^2 - 2v_s^2}{v_p^2 - v_s^2} \tag{3-16}$$

式中　μ——泊松比；

v_p——纵波速度，m/s；

v_s——横波速度，m/s。

由计算结果(表 3-16)可以看出，煤岩的杨氏模量和泊松比力学参数均有一定的离散性。杨氏模量介于 2.18～7.24 GPa 之间，平均 5.29 GPa，最大和最小值之比为 3.32，离散系数为 36.4%；泊松比介于 0.23～0.36 之间，平均 0.28，最大值是最小值的 1.57 倍，离散系数为 17.5%。煤岩力学参数与其内部结构、成分等紧密相关，声波在穿过较为致密和完整岩体时，速度快衰减小；反之，速度低衰较大。由图 3-36 和图 3-37 可以看出，杨氏模量与纵波速度有着较好的正相关关系，泊松比与纵横波速比具有较高的相关性，两者服从线性函数关系。

表 3-16　杨氏模量与泊松比计算值

煤样编号	密度 /(g/cm³)	纵波速度 /(m/s)	横波速度 /(m/s)	杨氏模量 /GPa	泊松比
LC01	1.43	1 839.90	1 057.00	3.99	0.25
LC02	1.54	2 328.15	1 228.95	6.08	0.31
LC03	1.73	1 816.78	930.95	2.18	0.36
LC04	1.75	2 168.06	1 264.99	7.24	0.23
LC05	1.83	2 184.572	1 303.431	5.29	0.28

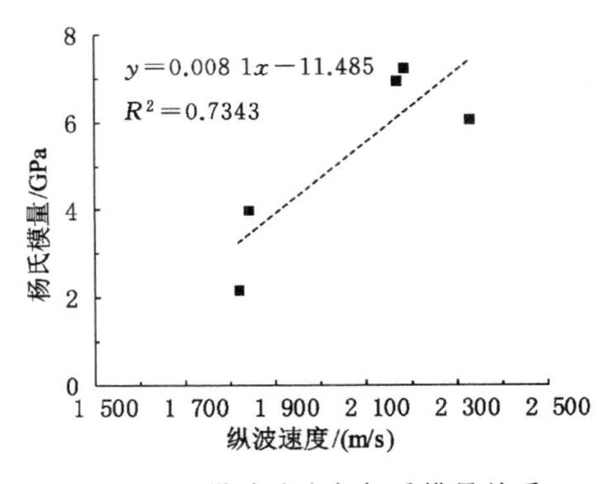

图 3-36　纵波速度与杨氏模量关系

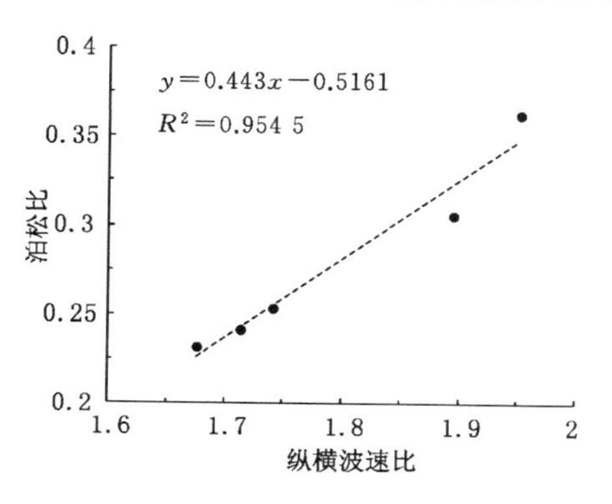

图 3-37　纵横波速比与泊松比关系

煤岩与砂岩在力学性质方面差别很大，与砂岩相比，煤岩呈现出较低的杨氏模量和较高的泊松比，为准确运用测井方法对煤岩力学参数进行计算，需要对砂泥岩经验模型进行修正。据研究，煤在饱和气态 CO_2 时杨氏模量会有一定程度的降低，最大幅度可达到 36%。煤层中富含甲烷气体，可类比 CO_2，考虑到研究区煤层含气饱和度整体偏低(在 60%以下)，杨氏模量最大降低 21.6%。据此引入常数 α，通过计算取值为 0.78，确定修正的杨氏模量公式如下：

$$E = 0.78\rho v_s^2 \times \frac{3v_p^2 - 4v_s^2}{v_p^2 - v_s^2} \tag{3-17}$$

式中　E——杨氏模量，GPa；

ρ——煤样密度，g/cm^3；

v_p——纵波速度，$\mu s/m$；

v_s——横波速度，$\mu s/m$。

由表 3-17 可知，通过经验公式计算所得泊松比平均值为 0.28，与试验所得平均值 0.21 有较大差别，因此将试验值作为真实值，并把经验公式中的系数 0.5 换作待定常数 β，代入公式反求出 β 的值为 0.375，确定煤岩的泊松比修正模型如下：

$$\mu = 0.375 \times \frac{v_p^2 - 2v_s^2}{v_p^2 - v_s^2} \tag{3-18}$$

式中　μ——泊松比；

v_p——纵波速度，$\mu s/m$；

v_s——横波速度，$\mu s/m$。

表3-17　动、静态杨氏模量与泊松比参数对比

动、静态值	杨氏模量/GPa	泊松比
测井动态值	$\frac{3.99\sim7.24}{5.29}$	$\frac{0.23\sim0.36}{0.28}$
试验静态值	$\frac{0.37\sim4.65}{2.11}$	$\frac{0.18\sim0.28}{0.21}$

3.3.7　地应力

地应力解释与测井资料密切相关，它可以较为直接地反映井下煤岩的应力特征。采用测井资料求取地应力的方法有多种，但是对于大多数的油气储层来说，假设在水平方向上的地应力相等是不成立的，因此采用带构造应力附加项的Anderson模型进行计算(周文，1998)，并结合试井实测资料对解释结果加以验证，公式如下：

(1) 垂向应力

$$\sigma_v=\int_0^h \rho(h)\cdot g\cdot \mathrm{d}h \tag{3-19}$$

式中　σ_v——垂向应力，MPa；

h——目标层位垂向埋深，m；

g——重力加速度，取9.8 kPa/m；

$\rho(h)$——地层密度随地层深度变化的函数。

(2) 水平主应力

$$\sigma_{h,min}-\alpha p_p=\frac{\mu}{1-\mu}(\sigma_v-\alpha p_p)+S_{th,max} \tag{3-20}$$

$$\sigma_{h,max}-\alpha p_p=\frac{\mu}{1-\mu}(\sigma_v-\alpha p_p)+S_{th,min} \tag{3-21}$$

式中　$\sigma_{h,max}$——最大水平主应力，MPa；

$\sigma_{h,min}$——最小水平主应力，MPa；

σ_v——垂向应力，MPa；

p_p——储层压力，MPa；

μ——泊松比；

α——Biot 系数；

$S_{th,max}$、$S_{th,min}$——水平方向上的最大、最小残余构造应力，MPa。

将最大、最小水平主应力测井解释预测值与试井实测值进行对比(图 3-38)，发现相对误差基本小于 15%，说明该方法可行。

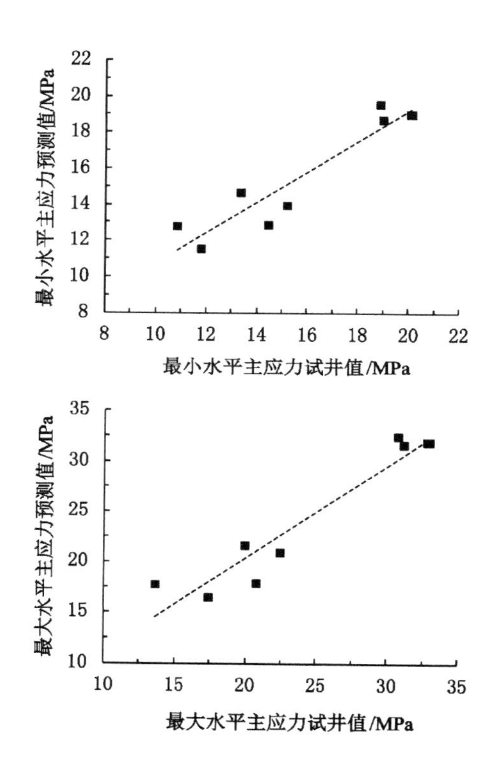

图 3-38　水平主应力预测值与试井值拟合关系

3.4　典型钻孔全层位测井解释

根据煤层的电性响应特征和各储层物性的解释模型，在研究区范围内共对 11 口煤层气井进行全层位的测井解释，部分成果如图 3-39 所示。

此处以 YW-02 井为例详细说明，见表 3-18。

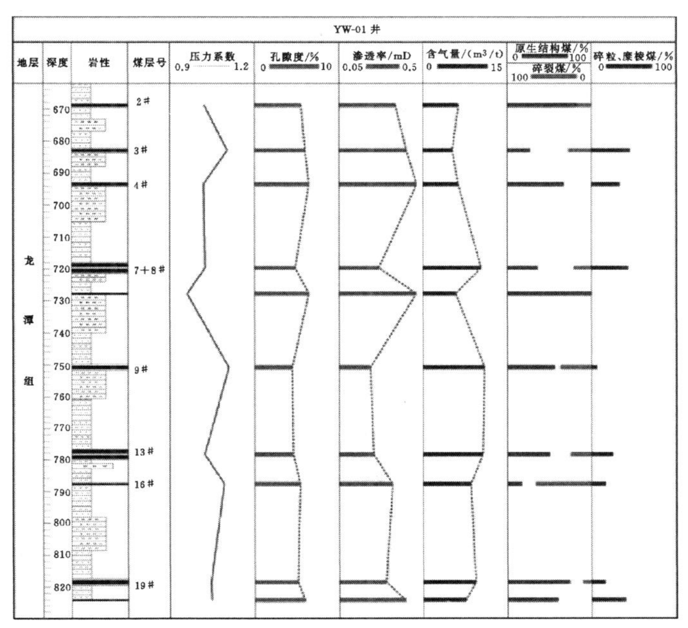

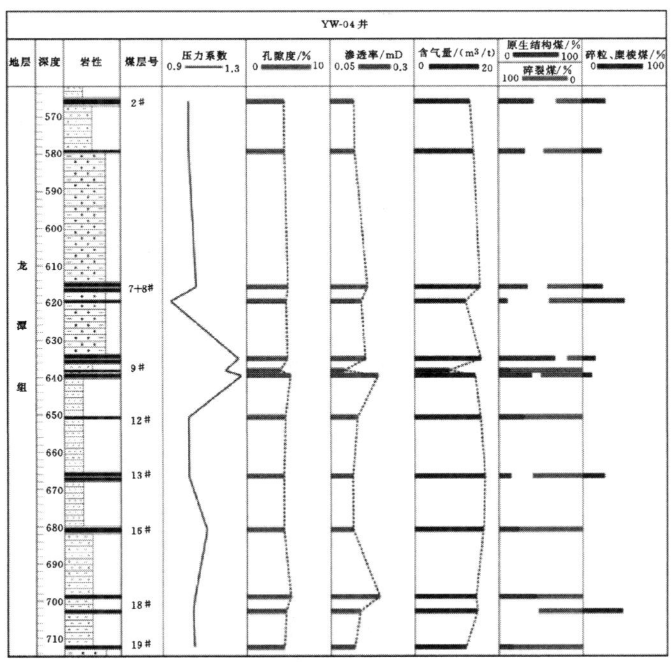

图 3-39　研究区典型井测井解释成果图

表 3-18　YW-02 井测井解释成果表

煤层编号	顶深/m	底深/m	厚度/m	储层压力/MPa	压力系数	孔隙度/%	渗透率/mD	含气量/(m³/t)
	568.5	568.9	0.4	5.84	1.02	5.69	0.26	3.59
2#	578.1	578.9	0.8	6.02	1.03	5.51	0.23	7.20
3#	582.9	583.7	0.8	5.98	1.02	5.89	0.29	6.06
4#	597.8	599.3	1.5	6.23	1.03	5.04	0.17	8.15
7+8#	628.4	631.8	3.4	6.51	1.02	4.37	0.11	9.66
8-1#	643.6	645.2	1.6	6.08	0.94	6.59	0.45	7.83
9#	653.0	653.9	0.9	7.47	1.13	6.33	0.39	5.54
	656.2	657.4	1.2	6.92	1.04	6.55	0.44	5.07
	658.6	659.2	0.6	6.78	1.02	6.03	0.32	3.96
13#	679.0	680.1	1.1	7.00	1.02	4.83	0.15	8.48
	688.9	691.1	2.2	7.11	1.02	3.50	0.06	11.15
16#	698.5	699.9	1.4	7.44	1.05	5.64	0.25	9.88
	704.0	704.8	0.8	7.58	1.07	5.47	0.22	7.14
	717.1	717.4	0.3	7.72	1.07	5.29	0.20	4.53
18#	723.3	726.2	2.9	7.67	1.05	6.76	0.51	7.75
19#	733.8	735.6	1.8	7.82	1.05	4.64	0.13	9.33
	736.8	737.4	0.6	7.80	1.05	5.93	0.30	6.49
	746.0	746.5	0.5	7.90	1.05	6.46	0.42	5.40

YW-02 井煤层埋深为 568.5～746.5 m，跨度 178 m，煤层厚度范围为 0.3～3.4 m，平均 1.27 m，其中 7＋8# 煤层厚度最大。煤层孔隙度范围为 3.50％～6.76％，平均 5.59％。渗透率在 0.06～0.51 mD 之间，平均 0.27 mD，属低渗至中渗储层。储层压力在 5.84～7.90 MPa 之间，平均 6.99 MPa。压力系数介于 0.94～1.13 之间，平均 1.04，常压至超压状态均有分布。含气量为 3.59～11.15 m^3/t，平均 7.07 m^3/t，整体偏低。

由图 3-40 可以看出，在纵向上，随埋深增加，三向地应力逐步增大，流体压力也随之增大，但存在一定波动性。煤层孔渗性在垂向上呈现波动式变化，但二者呈现出一致性的变化关系。渗透率与流体压力之间整体上呈现负相关的关系，随着埋深增加，垂向应力增大，导致孔裂隙被压缩甚至闭合，渗透率减

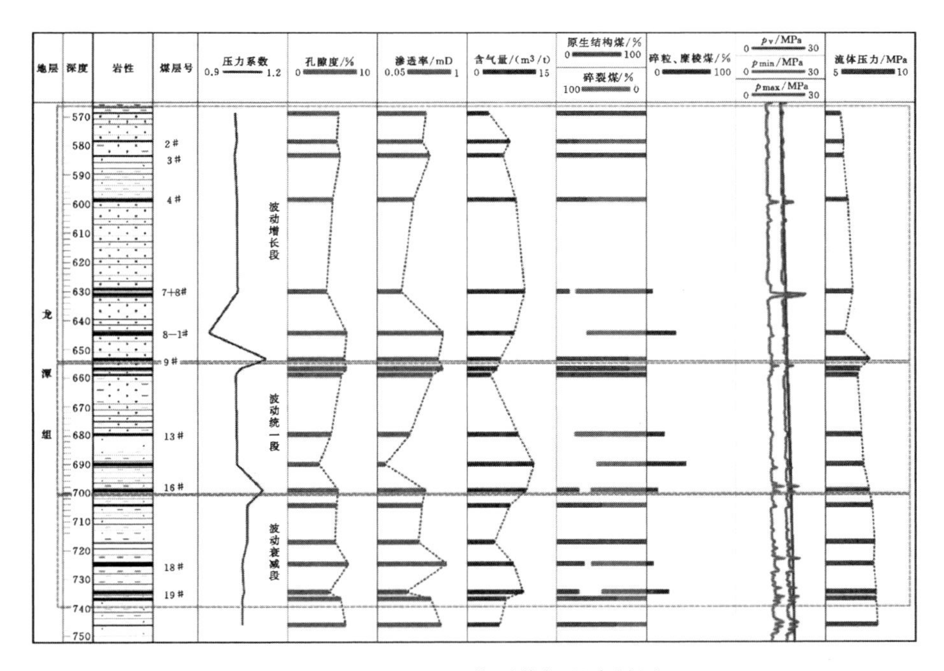

图 3-40　YW-02 井测井解释成果图

小，实际上为埋深控制。煤层含气量整体上随流体压力的增加而增大，但也存在一定波动变化，符合叠置煤层气系统的基本特征。

根据含气量及压力系数垂向特征划分出该井含气系统可能为三个，分别为 9# 煤以上的波动增长段，随层位降低压力系数小幅增大；9# 煤底至 16# 煤以上的波动统一段，压力系数有波动变化，整体上呈平稳趋势；16#～19# 煤的波动衰减段，压力系数有波动变化，整体上呈下降趋势。

波动增长段中，流体能量随埋深增加小幅增大，总体上呈先平稳后增长的趋势，含气量先增大后减小，渗透率先减小后增大。统一系统段中，流体压力增长随着埋深的增加基本持平，增幅很小，压力系数基本维持不变，含气量逐步增长，而渗透率呈略微下降。波动衰减段中，流体能量随埋深先增大后减小，总体呈略微降低趋势，含气量与渗透率呈波动变化，总体上变化范围较小。

3.5　小结

(1) 雨旺区块煤层层数 20～53 层，总厚约为 40.75 m。埋深整体上从西北向东南逐步增大，主力煤层煤厚平均 1.54～3.01 m，7＋8#、9#、13#、19#煤平均厚度超过 2 m。煤级以无烟煤为主，裂隙较为发育，微孔和过渡孔占主体部分，对煤层气的吸附作用有利。

（2）含气量变化范围较大，整体上随埋深增加而增大，平面上在区块中间部位较高，垂向上波动变化，含气饱和度整体不高。孔渗性一般，属于特低渗至中渗透储层，均在浅部和深部较高。欠压至超压状态均有分布，总体为高应力区。研究区三类煤体结构均有分布，浅部和深部较完整，中间层位较为破碎。

（3）运用煤层的电性特征对煤层孔隙度、渗透率、含气量、煤体结构、储层压力及地应力进行了测井解释，并通过实测值进行校正，完善了多煤层储层物性的全层位测井解释。研究区煤样的纵波波速、横波波速与压力服从线性函数回归关系，且二者之间存在良好的正相关性。杨氏模量和泊松比的测井值与试验值有一定差异，通过引入常数 α、β 确定修正的杨氏模量公式。

第 4 章　煤层气多层合采垂向层组开发单元划分

在多煤层煤层气开发中，产层组合优化至关重要，是均衡动用各产层资源、减少储层物性差异及流体压力差异造成的层间干扰的保障。本章提出了两种多煤层产层组合优化方法，并对研究区的典型井进行了产层组合优化。

4.1　概述

滇东黔西煤层气井在实际开发过程中发现，一些气井随着打开产层的增多，或者产层跨度的增大，出现产量降低的现象，主要是因为多煤层储集层物性及流体属性兼容性差、层间干扰严重而造成的(秦勇等，2016)。为此，多煤层进行产层组合优化显得尤为必要。

目前，产层组合研究多集中于储集层物性差异和流体属性差异条件下的数学统计分析(张政等，2014；郭晨等，2017；巢海燕等，2017)、数值模拟(王乔，2014)和物理模拟(朱华银等，2013)等，以建立半定量的产层兼容性指标，指导实际的煤层气勘探开发。由于地质条件和层间干扰的复杂性、统计数据的有限性、数值模拟的理想性、物理模拟的局限性，产层兼容性判别指标体系仍未能形成，对煤层气勘探开发的指导作用有限。因此，在现有煤层气开发工艺技术与滇东黔西煤层群条件下，根据各产层物性和流体特征，优化组合产层，尽量减少层间干扰，均衡动用各产层资源，最大限度释放煤层气资源，是当下迫切需要解决的技术难题。

4.2　多煤层产层组合方法——“三步法”

多煤层煤层气勘探开发实践证实，产层并非越多越好，刻意追求多，盲目追求效益，往往适得其反。低渗条件下，各产层由于储集层物性和流体压力的差异性，层间干扰较为严重，为最大限度发挥煤层气井生产潜力，提高煤层气田的开发效益，进行合理的产层组合优化非常关键。

基于此，提出了在多煤层中首先优选主力产层，确保主力产层产气主体地位的条件下，进行产层扩展，考虑产能均衡性及经济性，进行产层组合优化的“三步法”思路。

4.2.1 主力产层优选

根据娄剑青(2004)、申建(2011)和孟召平等(2014)的煤层气气井产能方程，可以扩展得到气井产能方程为：

$$Q = BHVK(p^2 - p_0^2) \tag{4-1}$$

式中 Q——煤层气井产能，m^3/d；

B——气井工程综合影响系数；

H——煤层厚度，m；

V——煤层气含气量，m^3/t；

K——煤层渗透率，$10^{-3}\ \mu m^2$；

p——储集层压力，MPa；

p_0——井底压力，MPa。

由式(4-1)可知，影响煤层气井产能的原始物性参数，主要是煤层厚度、渗透率、含气量及储集层压力，这与煤层气有利区及有利建产区优选、井网优化所确定的关键参数是一致的(赵贤正等，2016；赵欣等，2016)。煤层气开发实践证实，现有开发技术条件下，煤体结构为碎粒煤及糜棱煤时，开发效果不好，早期黔西勘探开发首选煤层为 17# 煤层，但因该煤层煤体结构破碎、产气效果极差而放弃。因此，煤体结构的好坏非常关键，多煤层条件下开发煤层为碎粒煤及糜棱煤时，建议搁置。考虑煤体结构因素，以式(4-1)为基础，提出多煤层条件下的主力产层优选指数，具体定义为：

$$\delta = HVKpS \tag{4-2}$$

式中 δ——主力产层优选指数；

S——煤体结构系数，煤体结构为原生结构煤或碎裂煤时 $S=1$，煤体结构为碎粒煤或糜棱煤(Ⅲ类煤占比大于 30%)时 $S=0$。

根据上述公式计算，主力产层优选指数值越大，产层潜在产能越大，则为首选主力产层。

4.2.2　主力产层扩展

产层组合的前提条件是各产层物性及流体性质相似。多煤层低渗条件下，储集层物性基本相似，但储集层压力及临界解吸压力差异较为明显。多层合采后期排采控制过程中，为保证各产层集中连续产气，且互相不产生干扰，临界解吸压力、层间距和储集层压力梯度则成为决定性的关键参数。

综合考虑上述因素，确定主力产层扩展原则为：① 保证主力产层的主体地位，产层向下扩展组合最优，特殊情况往上扩展，在一个产层组合内部各产层依次开始产气时，主力产层不能暴露在液面之上，以免对主力产层造成伤害。碎粒煤或糜棱煤不参与组合，避免“吐粉”对整个产层后期工程造成影响。② 组合产层基本保证在一个流体压力系统中，扩展产层与主力产层的储集层压力梯度差小于 0.1 MPa/100 m(张政等，2014)。储集层压力梯度差过大，储集层能量较高的高压产层流体将通过井筒抑制低压产层流体的产出，甚至在大压差下向低压储集层“倒灌”。这一方面使低压储集层无法有效排水降压，有效解吸面积减小；另一方面，容易造成高压储集层“吐砂吐粉”(张政等，2014)，减少高压储集层的渗流通道，降低煤层气的解吸渗流能力。

根据上述原则，提出多煤层合采的产层扩展组合指数：

$$\Omega = 10^6 d p_c / \rho g h \tag{4-3}$$

式中　Ω——产层扩展组合指数；

d——系数，当扩展产层与主力产层的储集层压力梯度差小于 0.1 MPa/100 m 时取值 1.0，大于 0.1 MPa/100 m 时取值 0；

p_c——临界解吸压力，MPa；

g——重力加速度，取 9.81 N/kg；

ρ——产出水的密度，kg/m^3；

h——其他扩展产层与主力产层的垂向间距，m。

当产层扩展组合指数大于 1 时，适宜扩展组合；小于 1 时，则不适宜扩展组合。影响产层扩展的主要因素是层间距、临界解吸压力和储集层压力梯度，若产层向上扩展，则主力产层开始产气时，要基本保证上部产层不过早暴露在液面之上，且彼此互不干扰。一般情况下，上部扩展产层不进入下一阶段的产层优化组合，因为在主力产层的连续排采过程中，上部产层不可避免地要过早暴露在液面之上，造成储集层伤害。

产层组合模式如图 4-1 所示，第 1 产层为主力产层，当动液面降到主力产层上部时，主力产层降压漏斗已很好形成，并形成了理想的解吸漏斗。同时，第 2、3 产层都已开始解吸，而第 4 产层由于含气饱和度低，临界解吸压力小，还未开始解吸，第 5 产层由于储集层压力较小，属于不同的流体压力系统，降压漏斗还未形成。因此，为保证主力产层的顺畅产气、组合产层的集中密集产气、最大程度减少相互干扰，达到合层排采的目的，组合产层为第 1、2、3 产层。第 4、5 产层不加入此组合产层单元。

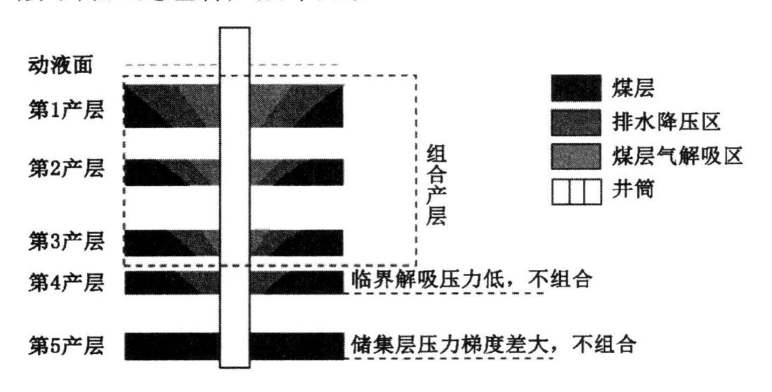

图 4-1 多煤层条件下煤层气产层组合模式图

4.2.3 产层组合优化

当满足前两步，完成了产层扩展组合后，考虑到开发工程的高效经济性，并非需要完全打开所有扩展组合进来的产层，因此，需要根据经济评价及各产层产能贡献情况，对产层组合进行进一步优化。

以黔西滇东地区煤层气开发为例，在现有市场和技术条件下，该区 1 000 m 以浅的煤层气开发井，压裂 2～3 层的成本约为 300 万元，增加 1 层的压裂费用大致为 40 万元。单井排采后，后期每年的维护费大致为 25 万元。煤层气价格 1.8 元/m^3，“十三五”期间，煤层气中央财政补贴 0.3 元/m^3。投资回收期一般从建设年开始算起，参照一般的石油天然气开采项目，基准投资回收期取 8 年，其中建设期 1 年(王屿涛等，2017)。8 年的现金流出包括前期工程费用和后期维护费用两部分，大致为 500 万元。

由煤层气井单井经济评价结果(见表 4-1)可知，当 8 年内日均产气量稳定在 1 000 m^3 左右时，基准投资回收期收益为 485.1 万元，接近 500 万元。说明日均产气量 1 000 m³ 是该区商业气流的起算标准，与该深度内储量计算的煤层气产量下限起算标准（DZ/T 0216—2020）一致。因此，一个组合产层日均产量最低应达到 1 000 m³。在一个产层组合内部，增加的产层发生费用主要是射孔、压裂施工及压裂材料，费用大致为 40 万元，同样按照基准投资回收期为 8 年，其日均产气量应为 100 m³ 左右，为该区商业气量起算标准的 10%，基准投资回收期收益为 48.51 万元，大致相当于单层压裂费用加上后期分摊的部分维护费用。考虑到黔西地质条件的复杂性，现有开发井产量较低，达到日均产气量 1 000 m³ 以上的井较少，为此，确定扩展产层产量贡献率应达到 10%以上。

表 4-1　煤层气井单井经济评价结果

日产气量/ m³	年收益/万元	基准投资回收期收益/万元
50	3.47	24.26
100	6.93	48.51
300	20.79	145.53
500	34.65	242.55
700	48.51	339.57
1 000	69.30	485.10
1 200	83.16	582.12

对主力产层而言，在稳产阶段，液面降至主力产层顶板上部，套压为 0.05 MPa，此时主力产层产气贡献率应在 30%以上，而其他产层产气贡献率最好在 10%以上。根据式(4-1)，各产层生产潜能可表达为：

$$Q_i = B_i H_i V_i K_i (p_i^2 - p_{0i}^2) \tag{4-4}$$

式中　Q_i——第 i 个产层产能，m³/d；

B_i——第 i 个产层的气井工程综合影响系数；

H_i——第 i 个产层煤层厚度，m；

i——产层编号；

V_i——第 i 个产层煤层气含气量，m³/t；

K_i——第 i 个产层渗透率，10^{-3} μm²；

p_i——第 i 个产层储集层压力（取临界解吸压力 p_c），MPa；

p_{0i}——第 i 个产层井底压力,MPa。

其中

$$p_{0i}=\rho gh+p_{t}$$

式中 p_{t}——套压,统一取 0.05 MPa。

其余符号意义同前。

为简化计算,增加可操作性,在式(4-4)中可不考虑开发工程影响因子,即令 $B_i=1.0\times10^{15}$ t/(d · m^3 · MPa^2)。

产能贡献指数定义为:

$$\eta=Q_i/\sum_{i=1}^{n}Q_i\times100\% \tag{4-5}$$

式中 η——产能贡献指数,%;

n——产层总数。

除主力产层之外,其他产层产能贡献指数应在 10%以上,若低于 10%,建议不组合。

4.2.4 产层组合优化流程

完整的多煤层产层组合优化流程如图 4-2 所示。组合过程中,除要满足"三步法"的要求外,还需注意:若主力产层位于顶部,连续排采过程中,主力产层不过早暴露在液面之上;若主力产层位于底部,向上扩展组合后,则要保证上部次主力产层不过早暴露在液面之上。主力产层位于中部,分别遵循上、下扩展组合的原则。

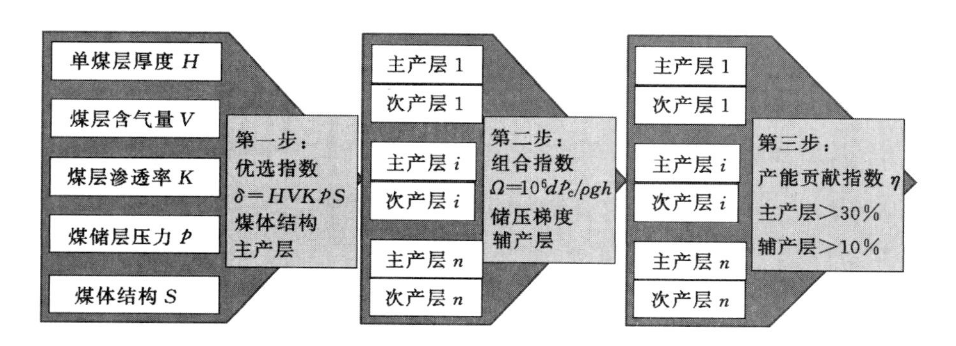

图 4-2 煤层气产层优化组合"三步法"流程

4.2.5　松河区块产层组合效果实例对比

松河区块井田煤系地层厚度平均341 m，含煤平均50层；含煤总厚度平均41 m，区内薄及中厚煤层群发育，可采煤层共18层。主要可采煤层为1+3#、4#、9#、12#、15#、16#、17#，可采总厚11.68 m；煤层以焦煤为主，煤层含气量较高，为6.46～20.99 m^3/t，含气饱和度大于70%；压力系数1.08～1.40，具有超高压特征。

松河开发试验井组共9口井，单井压裂3～4段，产层跨度约200 m，每段厚度约20 m，包括三个主力煤层，采用合层排采统一降低液面，实现共采。本章选取此井组中的GP-X井与GP井进行产层组合优化效果验证。

4.2.5.1　实例井基础数据

GP井和GP-X井为松河开发试验井组中的两口井，靶点平均距离约180 m，均采用“小层射孔，分段压裂，合层排采”的开发方式于2014年1月投产，基础数据见表4-2。

在表4-2中，煤层埋深、厚度、储层压力、渗透率、含气量、煤体结构等来源于测井解释；产层临界解吸压力由实测等温吸附数据反算得到，部分煤层没有实测等温吸附数据，由其他产层平均兰氏体积和兰氏压力推算获得，空气干燥基条件下兰氏体积为22.82 m^3/t，兰氏压力为2.13 MPa。

4.2.5.2　实例井产层优化组合

根据上述产层优化组合“三步法”，分别对开发试验井GP-X与GP进行了主力产层优选、主力产层扩展与产层组合优化分析，确定出多套可供实例井独立开发的产层组合。

（1）主力产层优选

GP-X井：15#煤煤体结构破碎，尽管煤层厚度较大，为2.34 m，按优选原则需被搁置；6-2#、17#煤煤体结构破碎，同样不参与主力产层优选。最终优选出1+3#、16#、29-3#煤三个主力产层[图4-3(a)]，其中29-3#煤为优选指数最高的煤层。

GP井：同样原因，该井6-1#、17#煤由于煤体结构破碎不参与主力产层优选，最终优选出1+3#、12#、29-3#煤三个主力产层[图4-3(b)]，其中12#煤为优选指数最高的煤层。

（2）主力产层扩展

表 4-2 GP-X 井与 GP 井煤层基础数据

煤层编号	垂深/m		厚度/m		含气量/(m³/t)		渗透率/$10^{-3}\mu m^2$		储层压力/MPa		临界解吸压力/MPa		煤体结构	
	GP-X 井	GP 井	GP-X 井	GP 井	GP-X 井	GP 井	GP-X 井	GP 井	GP-X 井	GP 井	GP-X 井	GP 井	GP-X 井	GP 井
1+3#	467.56	510.66	2.71	2.54	10.71	10.73	0.023	0.033	4.88	5.45	1.88	1.89	原生结构	原生结构
4#	474.18	519.13	1.33	1.15	10.20	9.15	0.014	0.010	4.96	5.47	1.72	1.43	原生结构	原生结构
5#	478.81	523.13	0.74	0.87	7.25	8.81	0.006	0.008	5.00	5.55	0.99	1.34	原生结构	原生结构
6-1#	497.51	536.80	1.27	2.68	7.58	12.66	0.004	0.016	5.26	5.88	1.06	2.65	原生结构	碎裂-碎粒
6-2#	503.81	549.98	1.92	1.69	8.95	11.82	0.019	0.011	5.37	5.96	1.37	2.29	碎裂-碎粒	原生结构
9#	515.26	563.36	1.65	1.39	10.88	9.96	0.029	0.042	5.53	6.29	1.94	1.65	原生结构	原生结构
10#	530.33		1.09		8.02		0.018		5.69		1.15		原生结构	
11#	534.99		0.99		7.70		0.005		5.66		1.08		原生结构	
12#	544.06	598.81	1.28	2.22	9.51	9.59	0.017	0.061	5.81	6.60	1.52	1.54	原生结构	原生结构
13#	561.84	614.77	1.02	0.89	6.64	7.93	0.006	0.042	6.01	6.81	0.87	1.13	原生结构	原生结构
15#	567.55	617.88	2.34	1.79	10.73	11.97	0.023	0.010	6.15	6.97	1.89	2.35	碎裂-碎粒	原生结构
16#	573.22	624.96	2.07	2.09	9.83	12.21	0.028	0.016	6.08	6.99	1.61	2.45	原生结构	原生结构
17#	582.39	637.81	2.28	4.46	11.99	10.69	0.023	0.025	6.30	7.28	2.36	1.88	碎裂-碎粒	碎裂-碎粒
21#	633.60	694.09	0.98	1.48	9.33	7.00	0.016	0.022	6.93	8.02	1.47	0.94	原生结构	原生结构
24-1#	671.55	733.10	1.01	1.48	11.00	7.23	0.035	0.017	7.41	8.73	1.98	0.99	原生结构	原生结构
27-1#	693.40	760.12	1.68	1.86	7.10	10.03	0.011	0.010	7.86	9.31	0.96	1.67	原生结构	原生结构
29-1#	707.27	778.86	1.94	1.63	9.50	8.90	0.020	0.019	7.96	9.45	1.52	1.36	原生结构	原生结构
29-2#	710.29	781.63	1.25	0.83	8.92	9.38	0.007	0.006	7.98	9.71	1.37	1.49	原生结构	原生结构
29-3#	717.36	790.79	2.56	2.30	11.51	10.64	0.026	0.023	8.21	10.11	2.17	1.86	原生结构	原生结构

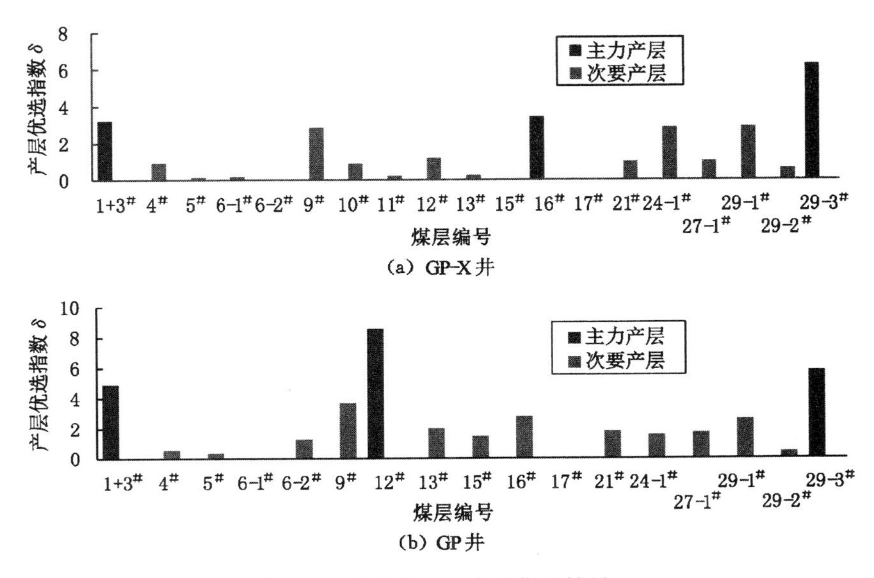

图 4-3　实例井主力产层优选结果

GP-X 井存在 4 种扩展组合，如图 4-4(a)所示：① 1＋3# 煤向下扩展组合为 1＋3#、4#、5#、6-1#、9#、10#、11#、12#、16#，产层跨度为 105.66 m；② 16# 煤向上扩展组合为 1＋3#、4#、5#、6-1#、9#、10#、11#、12#、13#、16#，产层跨度为 105.66 m；③ 16# 煤向下扩展组合为 16#、21#、24-1#、29-1#、29-3#，产层跨度为 144.14 m；④ 29-3# 煤向上扩展组合为 9#、10#、11#、12#、13#、16#、21#、24-1#、29-1#、29-2#、29-3#，产层跨度为 202.1 m。

GP 井也存在 4 种扩展组合，如图 4-4(b)所示：① 1＋3# 煤向下扩展组合为 1＋3#、4#、5#、6-2#、9#、12#、13#、15#、16#，产层跨度为 114.3 m；② 12# 煤向下扩展组合为 12#、13#、15#、16#，产层跨度为 26.51 m；③ 12# 煤向上扩展组合为 1＋3#、4#、5#、6-2#、9#、12#，产层跨度为 88.15 m；④ 29-3# 煤向上扩展组合为 24-1#、27-1#、29-1#、29-2#、29-3#，产层跨度为 57.69 m。

(3) 产层组合优化

GP-X 井可优化出 3 套独立开发的产层组合，如图 4-5(a)所示：① 1＋3# 煤扩展组合优化结果为 1＋3#、4#、9#、16#；② 16# 煤两组扩展组合综合优化结果为 16#、24-1#、29-3#；③ 29-3# 煤扩展组合优化结果为 24-1#、29-1#、29-3#。3 套组合最大跨度为 144.14 m，最小跨度为 45.81 m，平均跨度

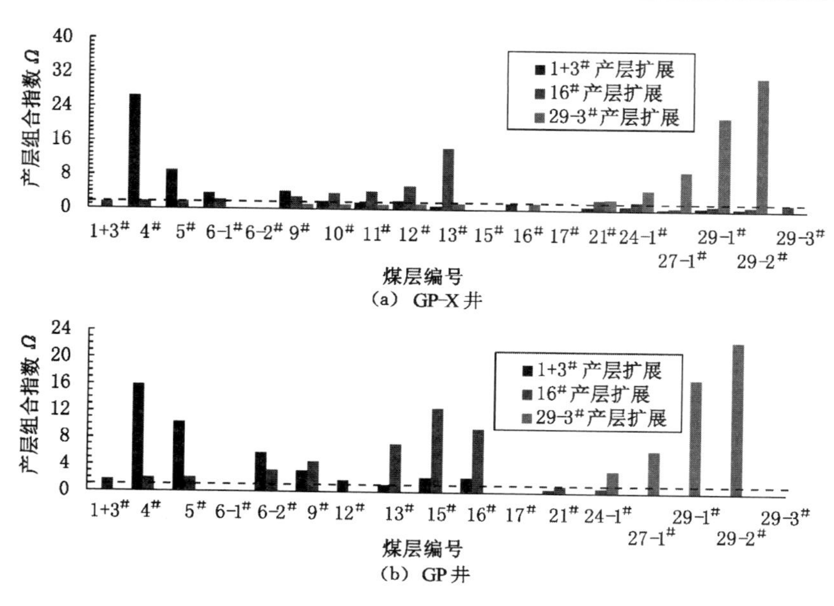

(a) GP-X 井

(b) GP 井

图 4-4　实例井主力产层扩展结果

为 98.54 m。

GP-X 井第三套组合优化中 29-3# 煤主力煤层优选指数最高，后期产气潜力最值得期待。考虑到开发产层跨度越大，层间干扰可能越严重，后期开发工程越复杂，因此该组合是进行开发的首选。

GP 井也可优化出 3 套独立开发的产层组合，如图 4-5(b)所示：① 1＋3# 煤扩展组合优化结果为 1＋3#、6-2#、9#、12#、16#；② 12# 煤两组扩展组合综合优化结果为 12#、15#、16#；③ 29-3# 煤扩展组合优化结果为 27-1#、29-1#、29-3#。3 套组合最大跨度为 114.3 m，最小跨度为 26.51 m，平均跨度为 57.16 m。同样，第二套组合优化是 GP 井进行开发的首选。

从最终组合优化的结果看，虽然两口实例井靶点平均距离只有 180 m，但受煤层结构、储层特征参数等的影响，产层组合优化的结果差异较大，其中，第一套和第三套较为相似，第二套差异较大。因此，对多煤层的合层开采，做好单井产层组合优化是高效开发的基础。

4.2.5.3　实例井实际开发效果对比

(1) 实际生产效果对比

GP-X 井实际开发层位为 1＋3#、5#、9#、10#、11#、13#、15#、16#，累积

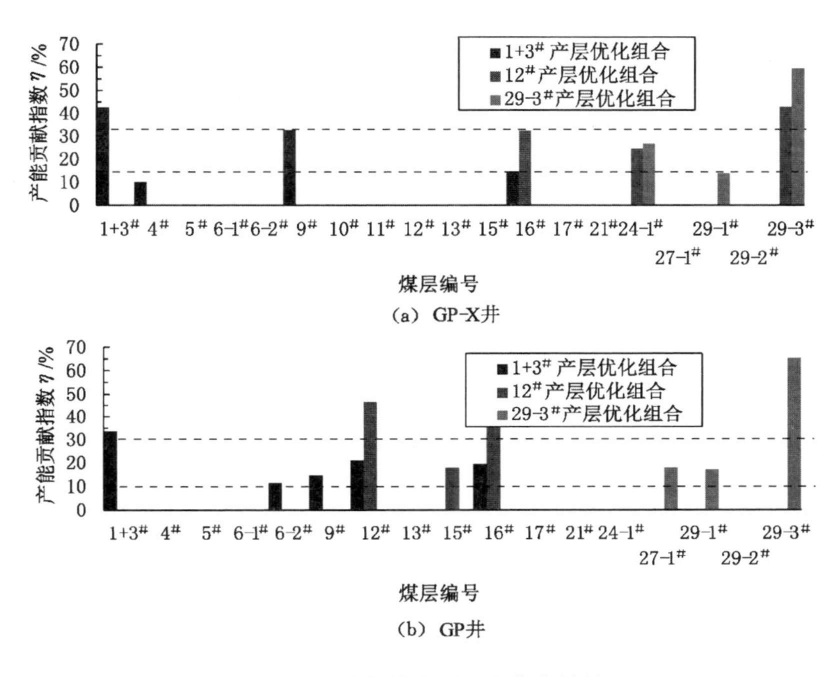

图 4-5　实例井产层组合优化结果

煤层厚度 11.6 m，跨度为 138.5 m。其产层组合大致与该井第一套 1＋3# 煤扩展组合相近；GP 井实际开发产层为 5#、6-1#、6-2#、9#、12#、13#、15#、16#、29-1#、29-2#、29-3#，累积煤层厚度 18.38 m，跨度为 267.66 m，完整包含了该井第二、三两套主力产层扩展组合和主力产层 29-3#。

两井先后完钻压裂，施工工艺相同，同时排采，排采制度相似，但对比最高日产气量，GP-X 井为 1 802 m^3（图 4-6），GP 井则为 1 200 m^3（图 4-7），前者比后者高出 50.17%。后期两口井均进行了二次憋压（图 4-6 和图 4-7），造成上部煤层的部分暴露，但后期 GP-X 井可以保持 500 m^3/d 左右的产量生产，而 GP-X 井则只有 400 m^3/d 左右。

从单位煤层厚度贡献气量来看，GP-X 井为 43.1 m^3/(d · m)，GP 井为 21.8 m^3/(d · m)，很明显，前者是后者的 2 倍，也就是说在开发层位减少的情况下，却获得了更好的开发，这说明盲目追求打开更多的产层是不科学的，如果考虑开发层位增多所增加的资金投入，则更加得不偿失。

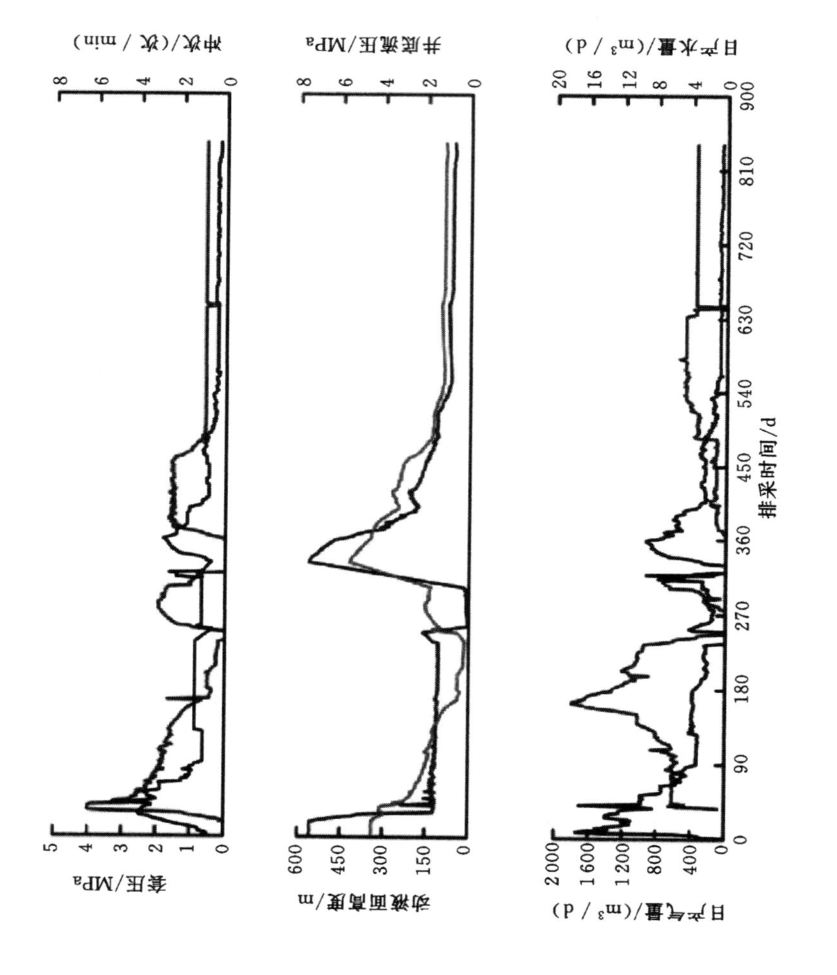

图 4-6　GP-X 井排采曲线

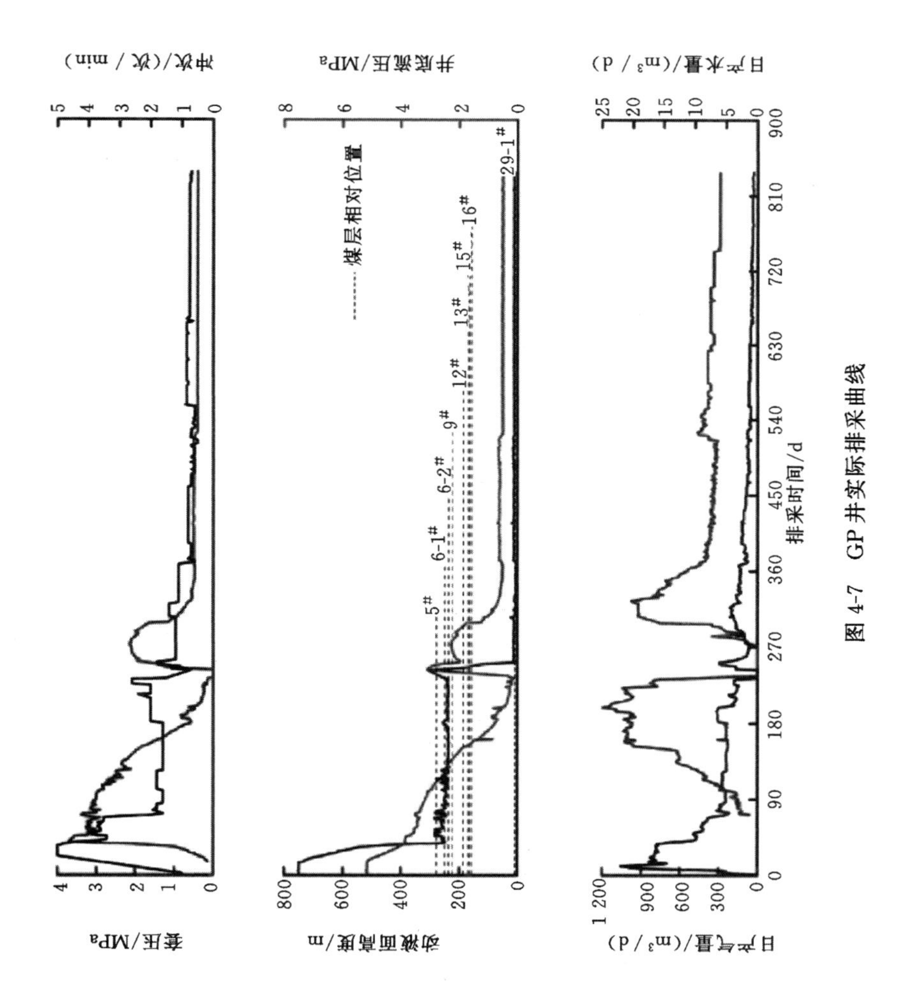

图 4-7　GP 井实际排采曲线

(2) GP井开发效果较差原因分析

GP井实际开发层位中,6-1#煤煤体结构破碎,应搁置组合,同时产层组合层位过多,导致的结果就是主力产层产气能力削弱,相互干扰增大,顾此失彼,整体产气效果不佳。

以主力产层29-3#煤为例,该层开始产气时,可保证15#煤以下层位不暴露在液面之上,以上层位则要暴露在液面之上。实际开发结果是,29-3#煤进入产气阶段,5#、6-1#、6-2#、9#、12#、13#煤均暴露在液面之上。另一方面,29-3#煤与21#煤以上层位储层压力梯度差都大于0.1 MPa/100 m,属于不同的流体压力系统,相互干扰程度大,难以在较短时间内实现共采。

如图4-7所示,在排采200天左右时,该井最高产量达到1 200 m^3/d左右,产水量为5 m^3/d左右,此时液面保持在250 m左右,在6-2#煤顶板附近。

当临界解吸压力对应液面高度等于或大于井底流压换算液面高度时,可以认为开始产气,据此可预测该井各层位产气序列(如图4-8所示,图中动液面高度以29-2#煤底板为基准)。在排采200天左右时,产气贡献层及产气序列预测结果为:6-1#、6-2#、15#、16#、5#、9#、12#和13#。因液面及流压下降太快,多个产层陆续集中产气,形成了一个短暂的产气高峰(图4-7),但此时29-1#、29-2#、29-3#未参与产气。

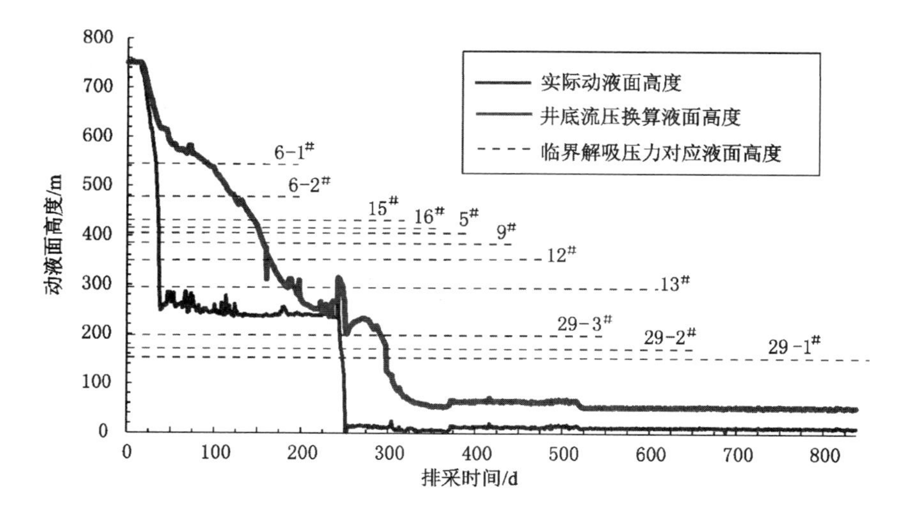

图4-8 各产层产气预测序列图

后期因生产需要，进行了二次憋压（图 4-7），液面快速下降，幅度 200 m 左右，生产约 300 天后，29-1#、29-2#、29-3# 进入产气阶段，但此时 16# 煤及以上产层完全暴露在液面之上（图 4-7），短时间内造成了压敏和气锁效应，对压降漏斗的扩展非常不利。憋压施工后，气井产气量恢复到 1 000 m^3/d 左右，主要产层为 29-1#、29-2#、29-3#，因流压下降太快，高峰产量难以维持，后期产量稳定在 400 m^3/d，开发没有达到预期的效果。

综上，GP 井开发效果不理想，是产层组合过多、相互干扰、顾此失彼、主力产层过早暴露在液面之上造成的。而 GP-X 井在减少产层数后，与“三步法”划分的一套扩展组合相近，开发效果反而好于 GP 井，说明科学合理的产层组合划分是多煤层条件下煤层气高效经济开发的有力保证。

4.2.6　雨旺区块产层组合优化

基于“三步法”的科学有效性，进一步针对雨旺区块典型井完成了多煤层产层组合优化，储层物性数据来源于实测数据及测井解释。基于研究区的储层物性及目前的煤层气井开发情况，发现进行组合后的部分主力产层的产气贡献未能达到 30%，但可以保障在 20% 以上，需要适当降低产层组合优化中的主力产层产气贡献，设为 20%，典型井产层组合优化流程如下。

从表 4-3 可以看出，YW-02 井中 8-1# 和 $13^{\#}_{\text{下}}$ 煤层的煤体结构较为破碎，Ⅲ类煤占比超过 30%，在此进行剔除，不参与主力产层的优选。其他层位按照产层优选指数标准，共选出 7+8#、16# 和 18# 三层主产层（图 4-9）。

表 4-3　YW-02 井主力产层优选结果

煤层编号	垂深 /m	煤厚 /m	含气量 /(m^3/t)	储层压力 /MPa	渗透率 /mD	Ⅲ类煤占比/%	产层优选指数
	568.7	0.4	3.59	5.84	0.257		2.16
2#	578.5	0.8	7.20	6.02	0.229		7.95
3#	583.3	0.8	6.06	5.98	0.292		8.46
4#	598.6	1.5	8.15	6.23	0.170		12.99
7+8#	630.1	3.4	9.66	6.51	0.112	7.1	23.84
8-1#	644.4	1.6	7.83	6.08	0.454	33.3	0
9#	653.5	0.9	5.54	7.47	0.386		14.37

表 4-3(续)

煤层编号	垂深/m	煤厚/m	含气量/(m^3/t)	储层压力/MPa	渗透率/mD	Ⅲ类煤占比/%	产层优选指数
	656.8	1.2	5.07	6.92	0.443		18.70
	658.9	0.6	3.96	6.78	0.319		5.14
13#	679.6	1.1	8.48	7.00	0.149	20	9.72
	690.0	2.2	11.15	7.11	0.064	44.4	0
16#	699.2	1.4	9.88	7.44	0.248	12.5	25.53
	704.4	0.8	7.14	7.58	0.223		9.64
	717.3	0.3	4.53	7.72	0.199		2.09
18#	724.8	2.9	7.75	7.67	0.506	7.7	87.20
19#	734.7	1.8	9.33	7.82	0.132	25	17.35
	737.1	0.6	6.49	7.80	0.300		9.11
	746.3	0.5	5.40	7.90	0.419		8.94

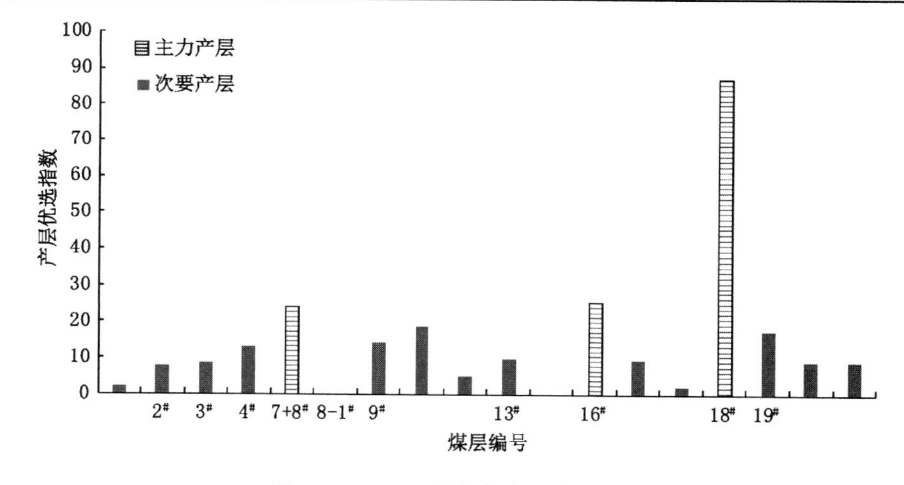

图 4-9　YW-02 井主力产层优选结果

在扩展产层中另外考虑到煤厚参数,不对厚度小于 1 m 的产层进行组合,经过筛选存在以下产层组合(表 4-4):① 7+8# 煤向上的 4#、7+8# 扩展组合,跨度大小为 31.55 m;② 16# 煤向上的 $9^{\#}_{下}$、13#、16# 扩展组合,跨度为 42.40 m;③ 16# 煤向下的 16#、18#、19# 扩展组合,跨度为 35.50 m;④ 18# 煤在中间的 13#、16#、18#、19# 扩展组合,跨度为 55.15 m。

表 4-4　YW-02 井产层组合、产层贡献优选结果

煤层编号	垂深/m	临界解吸压力/MPa	储层压力梯度/(MPa/100 m)	组合指数 Ω			贡献指数 η/%		
				7+8$^{\#}$	16$^{\#}$	18$^{\#}$	7+8$^{\#}$	16$^{\#}$	18$^{\#}$
	568.7	0.39	1.03						
2$^{\#}$	578.5	0.96	1.04						
3$^{\#}$	583.3	0.76	1.03						
4$^{\#}$	598.6	1.15	1.04	4.71			24.95		
7+8$^{\#}$	630.1	1.50	1.03				75.05		
8-1$^{\#}$	644.4	1.13	0.94						
9$^{\#}$	653.5	0.61	1.14						
	656.8	0.60	1.05		3.13				
	658.9	0.44	1.03						
13$^{\#}$	679.6	1.67	1.03		6.76	3.48			
	690.0	1.94	1.03						
16$^{\#}$	699.2	1.34	1.06			6.15		27.74	25.94
	704.4	0.95	1.08						
	717.3	0.52	1.08						
18$^{\#}$	724.8	1.07	1.06		4.13			53.68	54.65
19$^{\#}$	734.7	1.42	1.06		3.96	15.83		18.58	19.41
	737.1	0.83	1.06						
	746.3	0.65	1.06						

YW-02 井的产层组合优化结果最终可以优化出两套产层组合，分别为：① 7+8$^{\#}$煤向上的 4$^{\#}$、7+8$^{\#}$产层组合，跨度为 31.55 m，煤层厚度为 4.9 m；② 18$^{\#}$煤在中间的 16$^{\#}$、18$^{\#}$、19$^{\#}$产层组合，跨度为 35.50 m，厚度为6.1 m。考虑到第二套产层组合的优选指数更高，煤层厚度更大，意味着产层的潜能越大，且产层跨度适中，因此将其作为 YW-02 井的产层组合优化结果(图 4-10)。

从表 4-5 可以看出，YW-04 井中 7+8$^{\#}_{下}$、18-2$^{\#}$煤煤体结构较为破碎，Ⅲ类煤占比高达 50%以上，在此进行剔除，不参与主力产层的优选。其他层位按照产层优选指数标准，共选出 7+8$^{\#}$、9-1$^{\#}$和 13$^{\#}$三层主产层(图 4-11)。

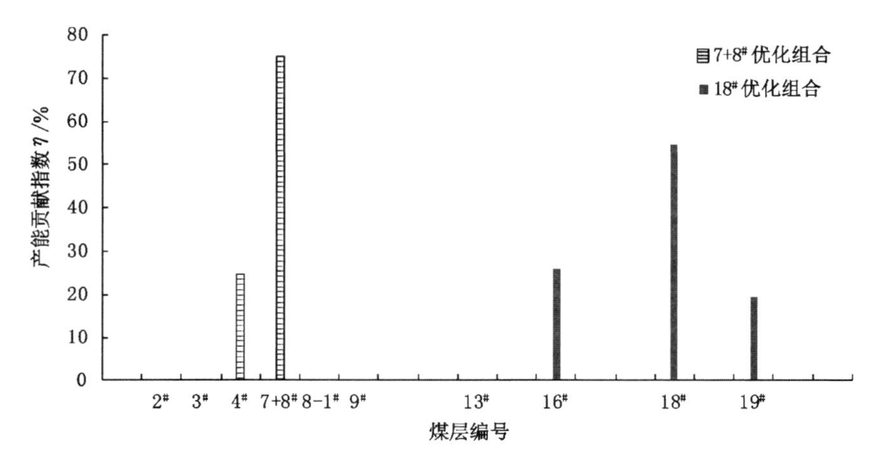

图 4-10 YW-02 井产层组合优化结果

表 4-5 YW-04 井主力产层优选结果

煤层编号	垂深/m	煤厚/m	含气量/(m^3/t)	储层压力/MPa	渗透率/mD	Ⅲ类煤占比/%	产层优选指数
2#	565.9	2.18	13.23	5.93	0.120	27.5	21.47
	579.3	0.90	14.05	6.00	0.122	23	9.27
7+8#	615.8	2.86	15.55	6.37	0.159	23.6	44.97
	619.6	0.69	12.07	5.88	0.141	50	0
9-1#	634.9	2.68	15.71	8.08	0.153	15.1	52.24
9-2#	638.2	0.42	8.30	7.71	0.091		2.46
9-3#	639.5	1.27	14.39	8.24	0.190	11.1	28.67
12#	650.8	0.74	15.64	6.72	0.130		10.15
13#	666.6	2.58	16.64	6.90	0.116	24.7	34.39
16#	680.9	1.92	16.24	7.21	0.117		26.25
18-1#	698.9	1.22	14.54	7.43	0.195		25.67
18-2#	702.9	1.11	14.84	7.42	0.137	47	0
19#	712.6	1.31	12.19	7.57	0.122		14.71

在扩展产层中另外考虑到煤厚参数,不对厚度小于 1 m 的产层进行组合,经过筛选存在以下产层组合(表 4-6):① 7+8# 煤向下的 7+8#、13#、

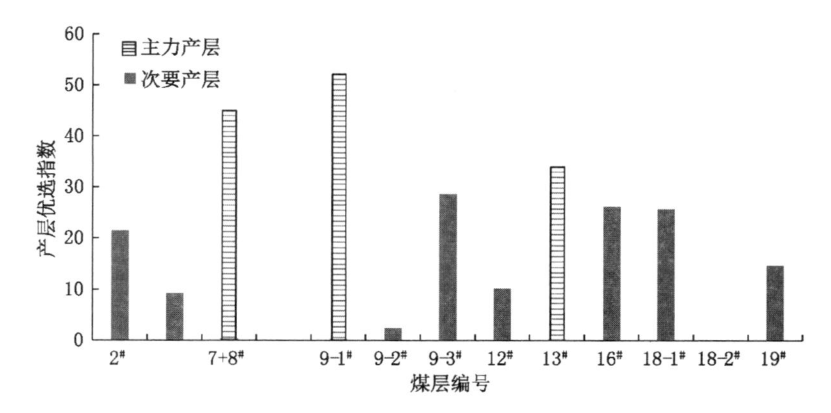

图 4-11　YW-04 井主力产层优选结果

16#、18-1#、19# 扩展组合，跨度为 96.75 m；② 9-1# 煤向下的 9-1#、9-2#、9-3# 扩展组合，跨度为 4.58 m；③ 13# 煤向下的 13#、16#、18-1#、19# 扩展组合，跨度为 45.98 m。

表 4-6　YW-04 井产层组合、产层贡献优选结果

煤层编号	垂深/m	临界解吸压力/MPa	储层压力梯度/(MPa/100 m)	组合指数 Ω			贡献指数 η/%		
				7+8#	9-1#	13#	7+8#	9-1#	13#
2#	565.9	1.53	1.05						
	579.3	1.82	1.04						
7+8#	615.8	2.63	1.03				33.00		
	619.6	1.22	0.95						
9-1#	634.9	2.65	1.27					77.42	
9-2#	638.2	0.92	1.21		57.71				
9-3#	639.5	1.96	1.29		15.40			22.58	
12#	650.8	2.61	1.03						
13#	666.6	3.39	1.03	6.61			37.75		53.08
16#	680.9	3.04	1.06	4.62		13.78	21.54		31.03
18-1#	698.9	2.02	1.06	2.41		6.10			12.62
18-2#	702.9	2.16	1.06						
19#	712.6	1.44	1.06	1.47		4.29			3.26

YW-04 井最终可以优化出两套组合，分别为：① 7+8# 煤向下的 7+8#、13#、16# 产层组合，跨度为 65.08 m，煤层厚度为 7.36 m；② 13# 煤向下的 13#、16#、18-1#、19# 产层组合，跨度为 42.33 m，煤厚为 7.02 m。次要产层 19# 煤的贡献指数不达 10%，但考虑到组合产层的煤厚应不低于 6 m，故将其组合到产层中。第二套产层组合跨度较小，且均位于同一含气系统中，因此将其作为 YW-04 井的产层组合结果（图 4-12）。

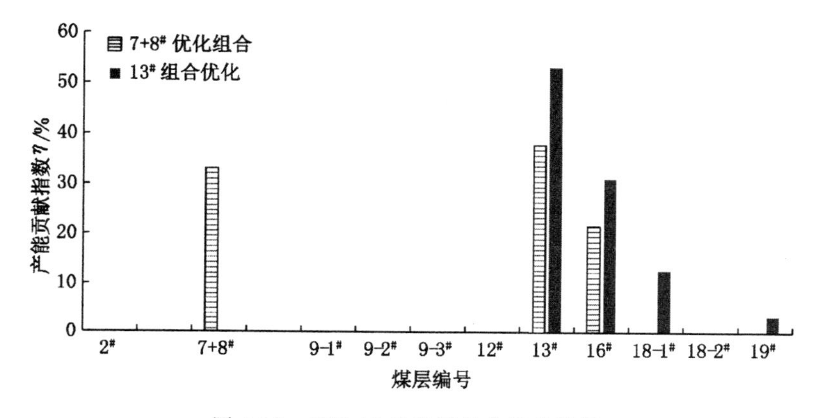

图 4-12　YW-04 井产层组合优化结果

4.3　多煤层产层组合方法——“系统聚类法”

4.3.1　聚类分析方法

前期众多学者已将 Q 型聚类运用于层系的分类与组合。其主要思想是在一批样品的多个指标变量中，定义能度量样品间相似程度（或亲疏关系）的统计量，在此基础上按照确定的样品“距离”公式求取各样品之间的相似程度度量值，按其大小把样品逐一分类。在完成第一轮类聚合之后，再重新计算类与类之间的距离，并据以进行第二轮类的合并，重复这一过程，直至将所有指标全聚成一类为止，形成由小到大的分类体系。

其过程分为两步：

第一步：数据的选取。根据前文提出的煤层气产层组合“三步法”，影响多产层组合的煤层气储层主要参数为：厚度、埋深、储层压力梯度、渗透率、含气量。厚度、埋深直接定义了储层的几何形状，埋深亦可反映多煤层之间的间距。储层压力梯度、渗透率、含气量是煤层气储层的关键开发地质参数，多产层储层压力梯度亦可反映流体压力系统的差异性，含气量则可间接反映临界解吸压力的相对大小。选取这 5 个关键参数进行 Q 型聚类。

第二步：运用 SPSS 软件对所选取的数据进行 Q 型聚类，采用组间连接的方法，度量标准为平方欧氏距离，进行运算分析，输出凝聚状态表和树状谱图。

完成上述两步后，根据输出的树状谱图，结合煤体结构约束，可直观地进行多层次产层组合分析。

4.3.2　实例井分析

以雨旺区块 YW-02 井为分析对象，表中煤层垂深、厚度、储层压力、渗透率、含气量、煤体结构等来源于测井解释，并以实际测试值为约束。以表中数据进行 Q 型聚类分析。

选取 YW-02 井煤层厚度、埋深、储层压力梯度、渗透率、含气量数据（表 4-7），运用 SPSS 软件进行 Q 型聚类分析，输出树状谱图（图 4-13）。

表 4-7　YW-02 井煤层基础数据

煤层编号	埋深/m	厚度/m	储层压力/MPa	储层压力梯度/(MPa/100 m)	渗透率/mD	含气量/(m^3/t)	煤体结构
1#	568.70	0.4	5.84	1.03	0.257	3.59	原生结构
2#	578.50	0.8	6.02	1.04	0.229	7.20	原生碎裂
3#	583.30	0.8	5.98	1.03	0.292	6.06	原生结构
4#	598.55	1.5	6.23	1.04	0.170	8.15	原生结构
7+8#	630.10	3.4	6.51	1.03	0.112	9.66	碎裂结构
8-1#	644.40	1.6	6.08	0.94	0.454	7.83	碎粒-糜棱
9-1#	653.45	0.9	7.47	1.14	0.386	5.54	原生碎裂
9-2#	656.80	1.2	6.92	1.05	0.443	5.07	原生碎裂
9-3#	658.90	0.6	6.78	1.03	0.319	3.96	原生结构
13#	679.55	1.1	7.00	1.03	0.149	8.48	碎裂结构
15#	690.00	2.2	7.11	1.03	0.064	11.15	碎粒-糜棱
16#	699.20	1.4	7.44	1.06	0.248	9.88	碎裂结构

表 4-7(续)

煤层编号	埋深/m	厚度/m	储层压力/MPa	储层压力梯度/(MPa/100 m)	渗透率/mD	含气量/(m^3/t)	煤体结构
17#	704.40	0.8	7.58	1.08	0.223	7.14	原生碎裂
17-1#	717.25	0.3	7.72	1.08	0.199	4.53	原生结构
18#	724.75	2.9	7.67	1.06	0.506	7.75	碎裂结构
19#	734.70	1.8	7.82	1.06	0.132	9.33	碎裂结构
20#	737.10	0.6	7.80	1.06	0.300	6.49	原生碎裂
21#	746.25	0.5	5.84	1.03	0.257	3.59	原生碎裂

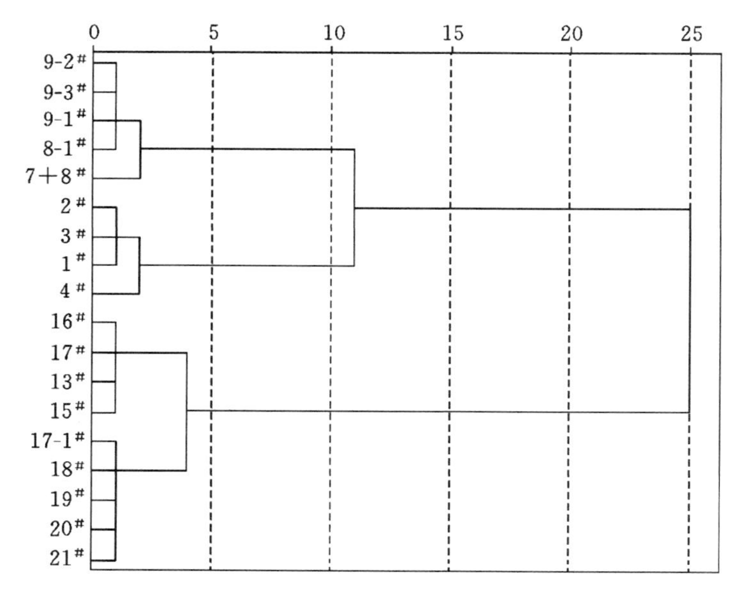

图 4-13 YW-02 井多煤层树状谱图

根据树状谱图中连接距离相对远近，产层相似度可以分为大的 4 个层次，对应 4 个组合(见表 4-8)：1 级组合为所有煤层组合，此种情况聚类系数越高，产层相似度越低，组间距离大，往往是较差的一种组合；2 级组合包含两种组合，分别为 1# 到 9-3# 煤及 13# 到 21# 煤，其中 13# 到 21# 煤组间距离小，同时也是下一层级的 3 级组合；3 级组合包含 1# 到 4# 煤、7+8# 到 9-3# 煤、13# 到 21# 煤 3 个组合；4 级组合包含 4 个组合，分别为 1# 到 4# 煤、7+8# 到 9-3#

煤、13# 到 17# 煤、17-1# 到 21# 煤。组合级别越高,组间距离越小,产层相似度越高。

表 4-8 YW-02 井产层组合分级

1 级组合	2 级组合	3 级组合	4 级组合
1# 到 21# 煤	1# 到 9-3# 煤	1# 到 4# 煤	1# 到 4# 煤
		7+8# 到 9-3# 煤	7+8# 到 9-3# 煤
	13# 到 21# 煤	13# 到 21# 煤	13# 到 17# 煤
			17-1# 到 21# 煤

确定聚类类数或者说是确定组合数是聚类分析的关键,为此根据聚类分析中输出的凝聚状态表作碎石图,判断拐点,则为较优的组合类数(图 4-14),作图显示随着类的不断凝聚、类数目的不断减少,类间的距离在增大,在 4 类之前,类间距离增大幅度较小,形成较为陡峭的"山峰",但到 4 类之后,形成极为平坦的"碎石路",根据"类间距离小则形成类的相似性大,类间距离大则形成类的相似性小"的原则,可以找到"山脚"下的拐点,以此作为确定分类数目的参考,YW-02 井可以考虑聚成 3 类或 4 类,为此形成 3 个或者 4 个产层组合,在这些组合中,去掉煤体结构较为破碎的碎粒-糜棱煤 8-1# 和 15# 煤,剩余煤层组合是后期优先选择的产层组合。

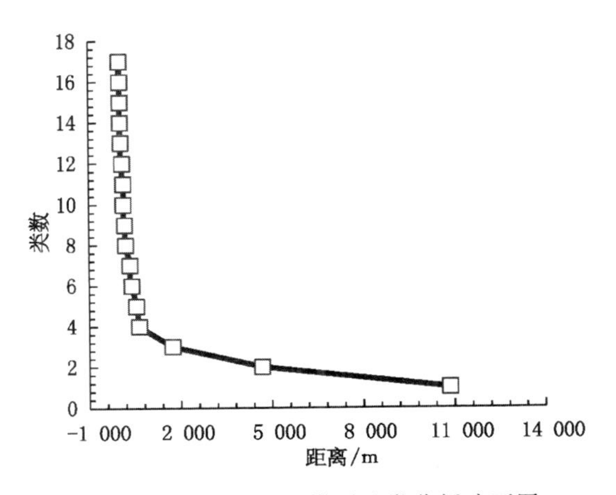

图 4-14 YW-02 井多煤层聚类分析碎石图

4.3.3 科学可行性评价

(1) 地质意义

在2级组合到4级组合过程中,9-3#煤为一个分界。在此分界附近(图4-15),首先压力系数波动增大,9-3#煤之上,压力系数变化较小,基本在1.0附近,9-3#煤之下压力系数增加,均在1.0以上。压力系数变化规律吻合于储层压力梯度变化规律,压力系数波动变化暗示9-3#煤上、下煤系流体系统具有分异性。其次,相应的煤层含气量及煤层渗透率在此附近都有一个明显的波动变化。储层物性差异是影响产层组合的关键因素,在低渗条件下,渗透率差异较小,储层压力梯度差或者是压力系数差是关键因素,9-3#煤上、下流体系统的差异性是上煤组和下煤组不易组合的主要因素。

根据雨旺区块煤系地层沉积分段,包含龙潭组和长兴组。龙潭组分三段:龙潭组下段为茅口组灰岩到23#煤;龙潭组中段为23#煤到17#煤;龙潭组上段为17#煤到2#煤。上段主要含煤层又分为三个亚段,下段为9#煤到17#煤,中段为9#煤到4#煤,上段为4#煤到2#煤;2#煤以上为长兴组。聚类结果分出的2级到4级产层组合中,其分界煤层主要是4#、9#、17#煤,而这几层煤吻合于煤系地层主要沉积分段界面煤层。根据沈玉林等(2017)对研究区层序地层划分结果,在9#煤、17#煤附近存在较为稳定的以菱铁质泥岩为主的区域封盖层,会造成分界煤层上、下流体系统的分异。聚类分析分类结果吻合于上述关键界面煤层划分的层段,则具有更深刻的内在地质意义。

(2) 产层组合不同方法对比评价

依据前文产层组合"三步法"对YW-02井进行了产层组合,组合过程优选出以7+8#煤和16#煤为主力煤层,进行扩展优化组合,结果主要为两套组合,第一套为4#、7+8#,第二套为16#、18#、19#。与聚类分析结果对比,第一套组合属于2级组合的1#到9-3#煤,第二套组合属于3级组合的13#到21#煤。两者具有较高的吻合性,可互为补充和验证。

(3) 前期煤层气井开发效果对比评价

2011年,远东能源有限公司在研究区施工了一组井组,开发层位及产气情况见表4-9。除S03井开发一层19#煤外,其他井开发层位都是7+8#和19#煤,在排采时间都接近两年的同等条件下,除S04井产气效果较好(最高日产量为1 864 m^3,平均日产量为477.04 m^3)之外,其他井产气都一般,没有达到合层排采的目的。

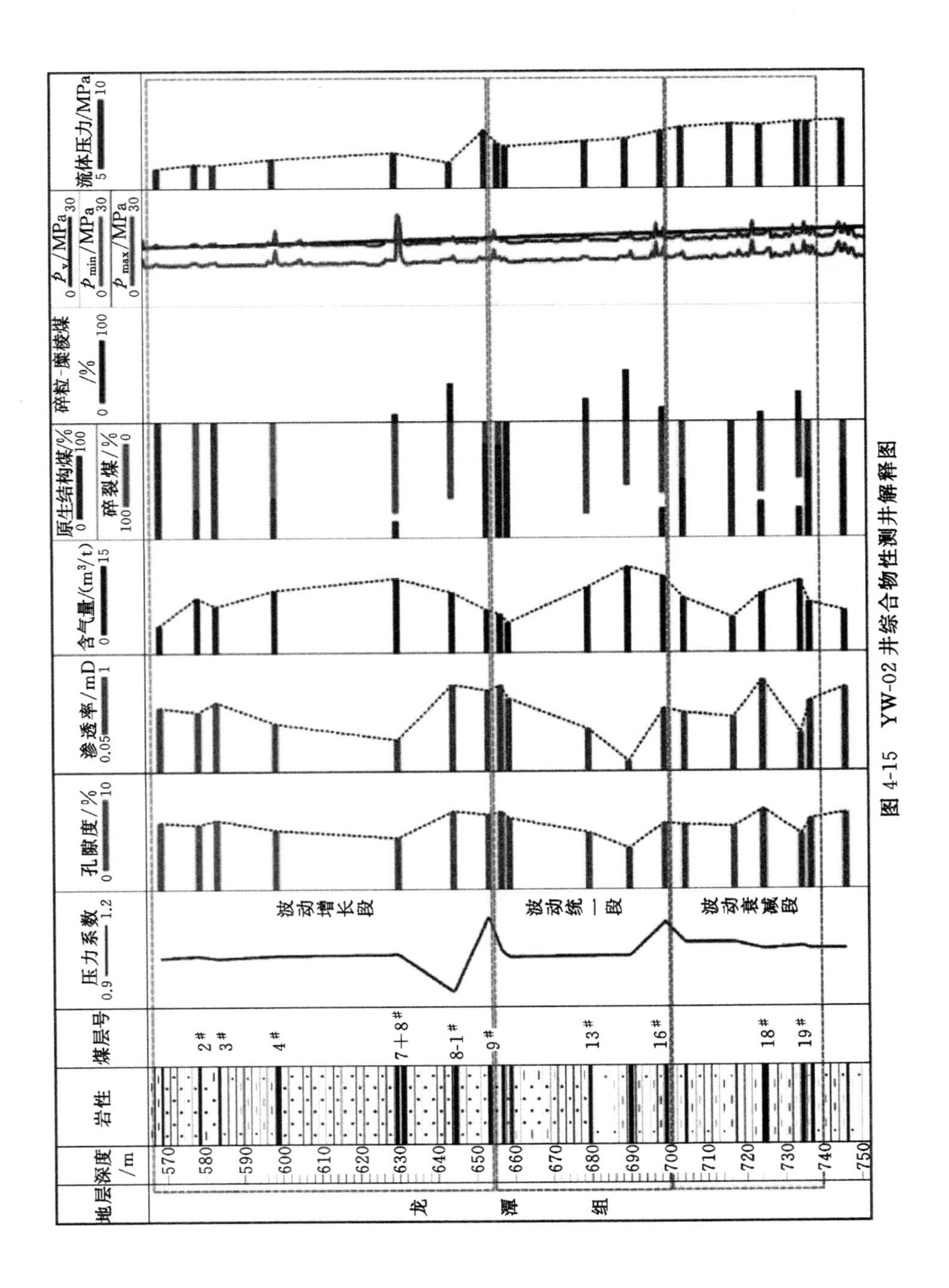

图4-15　YW-02井综合物性测井解释图

表 4-9　雨旺区块煤层气井组开发层位及其产气情况

排采指标	LC01	S01	S02	S03	S04
开发层位	7+8#、19#	7+8#、19#	7+8#、19#	19#	7+8#、19#
排采时间/d	637	637	636	637	621
最大日产气量/m^3	60.26	751	23.96	532	1864
平均日产气量/m^3	17.68	150.16	4.14	64.27	477.04
平均日产水量/m^3	2.81	2.26	0.87	0.75	1.14
层间距/m	100.7	108.3	131.03	—	114.93

在暂不考虑压裂和排采工艺的影响因素后，主要分析产层组合的影响。所有组合产层选择了本区两大主力煤层（7+8#和19#），产层跨度均在100 m以上。采用相同方法分析S02井和S04井，其中S02井表示产气较差的井，而S04井表示产气较好的井。聚类谱图如图4-16所示。S02井聚类结果基本跟LC-X井相似，2级产层组合以9#煤为界，7+8#煤和19#煤分别属于不同的2级产层组合，说明其储层物性及流体属性相差较远，不易组合，实际的开发效果也证明了这点。S04井聚类结果略有差异，2级产层组合以4#煤为界，7+8#煤和19#煤分别属于同一个2级产层组合，但分别属于不同的3级产层组合，其储层物性及流体属性相似度较高，实际的开发效果也相对较好。根据前面论述，3级产层组合或者4级产层组合是后期优选的产层组合，这可能也是这个井组普遍产气效果较差的原因之一。

4.4　小结

（1）多煤层产层组合——“三步法”：以煤层气井产能方程为基础，提出主力产层优选指数、主力产层扩展指数、产能贡献指数三项指标，建立了产层组合优化“三步法”。主力产层优选，以耦合煤层厚度、煤层含气量、煤层渗透率、煤层储集层压力及煤体结构为主，评价产层潜能，指数δ值越大，产层潜能越大；主力产层扩展组合，在确保主力产层的充分缓慢解吸，且不暴露在液面之上的前提下，以耦合临界解吸压力、层间距和储集层压力梯度差为主，综合评价主力、非主力产层间的相互干扰程度，组合指数Ω值大于1可以扩展组合；产层组合优化，主要考虑组合产层的经济性，主力产层产能贡献指数大于

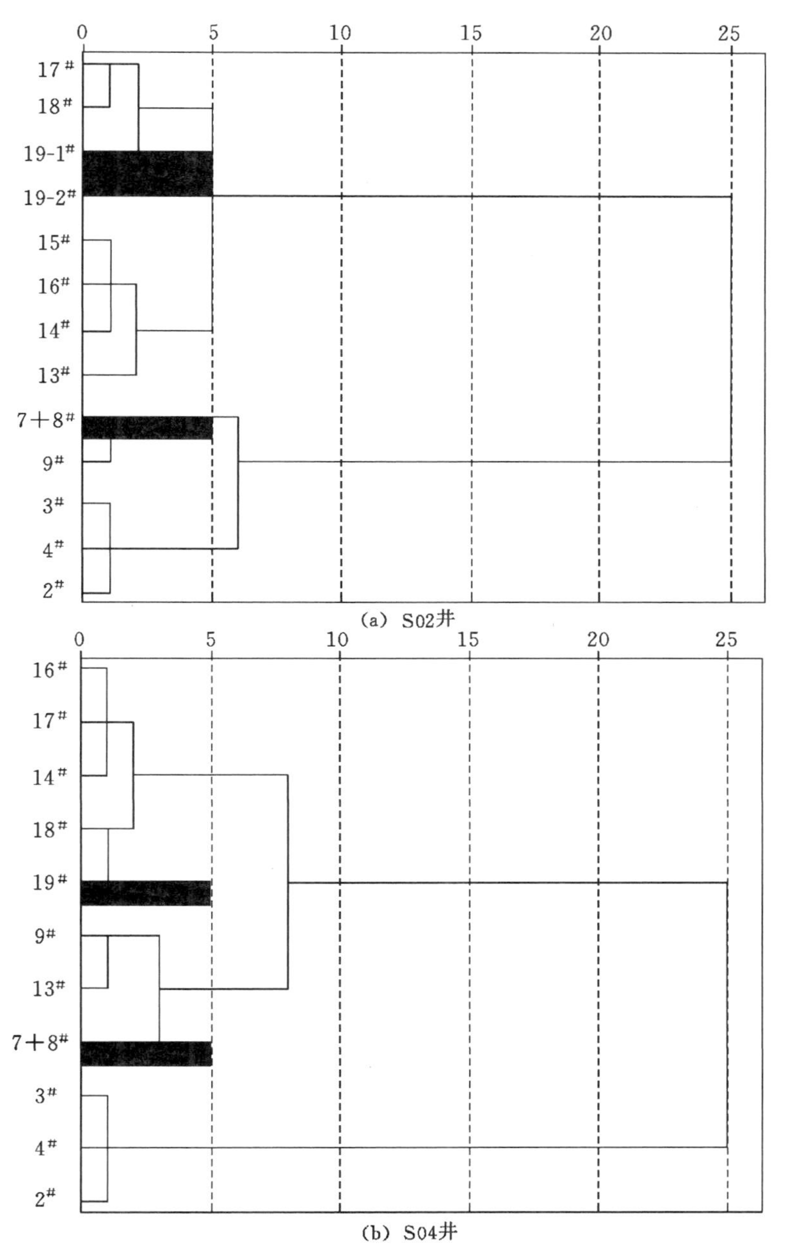

(a) S02井

(b) S04井

图 4-16　S02 井和 S04 井多煤层树状谱图

30%，其他产层贡献指数大于10%，才能确保煤层气井投产后具有经济效益。经松河井组典型井验证了其科学有效性。

(2) 多煤层产层组合——“系统聚类法”：采用系统聚类法，选取多煤层的煤层厚度、煤层埋深、储层压力梯度，渗透率和含气量五个关键参数，应用SPSS软件对所选取的数据进行系统聚类，根据输出的树状谱图，结合煤体结构约束，可直观地进行多层次产层组合分析。依据类间距远近，产层相似度可以分为大的4个层次，对应4个组合，分别为1级组合、2级组合、3级组合和4级组合，级别越高，产层相似度越高，组合越好。采用碎石图判断，一般3级组合或者4级组合是最优组合。

(3) 雨旺区块部分区域含气量不高，含气饱和度大多低于60%，适当降低产层组合优化中的主力产层产气贡献，设为20%，考虑到煤层气井后期的压裂改造，调整煤厚以1 m为下限值，当Ⅲ类煤占比过高时应当搁置。以YW-02井和YW-04井为例，优选出的产层组合分别为16#、18#、19#煤层和4#、7+8#煤层，确定了研究区垂向上的主要开发层段。

第 5 章　煤层气多层合采平面开发单元划分及有利区评价

在完成多煤层垂向产层组合优化基础上，进行平面区域多层合采开发单元划分，是实现多煤层煤层气经济高效开发的基础。本书提出了多层合采开发单元划分方法，制定了相应的定量划分指标体系，结合 Petrel 软件进行了煤储层物性三维地质建模，进行了单层及多层合采的平面开发单元划分，完成了有利区评价。

5.1　概述

滇东黔西地质条件复杂，要经济有效开发煤层气资源，开发初期必须做好基础地质研究工作，同时更要做好开发有利区、有利层段的优选工作。近几年，学者们主要从资源、地质角度进行了开发早期评价，重点考虑了含气量、渗透性、储集层压力及构造复杂程度对开发效果的影响，在此基础上优选出开发有利区(吴财芳等，2018)，尽管取得了许多成果，但重点工作一直局限于对某一主力煤层进行开发有利区优选，未能对该区复杂的地质条件进行综合、精细研究，主要表现为：① 未能充分考虑煤层薄、多及煤体结构复杂的地质特点；② 低渗透储集层需要进行压裂改造，可改造性对气井产能有重大影响，如何定量评价储集层的可改造性研究相对缺失；③ 主要采用了较为简单的常规研究方法刻画多煤层全层位储集层物性的分布，不够精细；④ 多层合采条件下的“靶区优选”研究工作尚未开展。

三维地质建模是油藏描述的前沿手段，技术成熟，多用于描述常规油气储集层物性、沉积相、构造演化等(Pan 等，2012；毛凤军等，2018；胡文瑞等，2018)。近年来，煤层气田大量实施地震数据采集与处理、测井解释、试井等，资料丰富，具备了开展煤层气储集层物性三维建模特别是精细刻画多煤层全层位储集层物性分布的条件。本书基于煤层气井产能方程，重点考虑影响煤储集层产气潜力的关键物性参数，提出多煤层条件下开发单元划分方法，并确定出开发单元划分的定量指标；同时采用三维地质建模技术，构建多煤层地质体，实现多煤层全层位储集层物性的精细分析与刻画；以地质模型为基础，依据评价指标，划分单煤层、合采煤层的煤层气开发单元，评价煤储集层产层潜能，优选开发有利区。

5.2 多层合采平面开发单元划分

5.2.1 划分方法

合理划分煤层气田的开发单元是煤层气经济有效开发的关键环节。划分开发单元，需要综合考虑煤层气储集层的厚度、含气量、渗透率、煤体结构、储集层压力及储集层的可改造性等多项因素，制定可行的划分开发单元的定量指标，合理评价煤层气储集层生产潜能。

本书第 4 章基于煤层气井产能公式提出了多煤层产层优化组合“三步法”，其中定义的主力产层优选指数可用于评价垂向多煤层中的主力产层。

煤层气井产能公式为：

$$Q = BHVK(p^2 - p_0^2) \tag{5-1}$$

主力产层优选指数为：

$$\delta = HVKpS \tag{5-2}$$

在煤层气多产层条件下，这里可将由产能公式出发定义的主力产层优选指数 δ 引申为单层煤层气产层潜能指数，其科学意义在于计算公式类似于产能公式，计算结果值可近似表征煤层气单层产能。主力产层优选指数忽略了气井工程综合影响系数 B（主要受人为或技术因素影响，确定相对困难）和井底压力 p_0（在稳产阶段井底压力基本为一定值，变化较小），并增加了煤体结构因子 S，在计算中具有一票否决的作用。采用式(5-2)可进行单层煤层气平面开发单元的划分。

式(5-2)中渗透率(K)为原位渗透率(未经储集层改造的渗透率)。低渗透煤层煤层气开发过程中，多数情况下需要进行储集层改造(邹才能等，2013)，为反映煤层气储集层经压裂改造后的真实生产能力，这里采用改造后

的渗透率(K_0)替代 K,则式(5-2)可修正为:

$$\delta = HVK_0 pS \tag{5-3}$$

影响改造渗透率的主要地质因素是地应力(孟召平等,2007;蔡路等,2015;孙良忠等,2017)与煤储集层的脆性指数。脆性指数是页岩储集层可压裂性的重要评价指标,引入用于评价煤储集层的可压裂性(Li 等,2019),地应力小、脆性指数大有利于储集层改造,改造后渗透率较高。

煤储集层改造后的渗透率可引入校正系数 α 对原位渗透率进行校正:

$$K_0 = \alpha K \tag{5-4}$$

校正系数可通过脆性指数与地应力关系式进行计算:

$$\alpha = \frac{3\beta B_R}{\sigma_v + \sigma_{h,min} + \sigma_{h,max}} \tag{5-5}$$

$$B_R = \frac{7.14E}{E_0} - 200\mu + 72.9 \tag{5-6}$$

式中　β——常数,100 MPa;

B_R——脆性指数,%;

$\sigma_{h,min}$——最小水平主应力,MPa;

$\sigma_{h,max}$——最大水平主应力,MPa;

σ_v——垂向应力,MPa;

E——弹性模量,GPa;

E_0——常数,1 GPa;

μ——泊松比。

根据式(5-3)可计算单层煤层气产层潜能指数,某区域该值越大,其单层生产潜力越大,为可供开发的有利区块。

5.2.2　开发单元划分的关键参数界限

考虑方法的简单实用性,以煤层气产层潜能指数计算公式中各物性参数为关键评价指标,根据滇东黔西多煤层气田实际情况,结合煤层气勘探开发的前期研究成果,将煤储集层的品位划分为Ⅰ类、Ⅱ类和Ⅲ类。下面探讨各项关键物性参数的具体划分定量标准。

(1) 煤层厚度

煤层厚度大小影响煤储集层产气潜力(Tao 等,2014),薄、中、厚煤层一般按 1.3 m 和 3.5 m 作为划分界限(周英,2006)。考虑到滇东黔西煤层群发育,以薄煤层为主,界限值适当降低,这里将煤厚 3.0 m 和 1.0 m 作为划分Ⅰ类、Ⅱ类和Ⅲ类煤储集层的厚度分界值,这与《煤层气资源勘查技术规范》(GB/T 29119—2012)中规定的煤层气单煤层有利目标区的厚度下限值(3.0 m)一致。

(2) 煤层含气量

煤层含气量是确定煤层气资源量和可开发性必不可少的参数(赵贤正等,2016;赵欣等,2016;宋岩等,2017)。滇东黔西主力煤层从中煤阶到高煤阶均有分布,煤级变化大,但含气量高(高弟等,2009),根据《煤层气储量估算规范》(DZ/T 0216—2020)中的煤层含气量下限,可统一将煤层含气量下限标准定为 8 m^3/t,即Ⅱ类和Ⅲ类煤储集层的含气量分界值,同时在滇东黔西低渗区煤层气井想获得高产,较高的煤层含气量尤为重要(熊斌,2014;单衍胜等,2018),煤层含气量高意味着含气饱和度、临储比大,可采性好。中国煤层含气饱和度与单井日产量之间的关系统计表明,单井日产气量超过 1 000 m^3 的煤层气井煤层含气饱和度均大于 60%(李五忠等,2010),滇东黔西高产井同样具有类似的规律,如杨梅参 1 井含气饱和度达到了 70%以上(单衍胜等,2018)。研究区主要为中、高煤阶煤,在试验温度 30 ℃时,煤空气干燥基兰氏体积随煤级增高而增大(图 5-1),中、高煤阶煤理论含气饱和度达到 60%,其平均含气量大致在 12～14 m^3/t,而实测含气饱和度一般高于理论含气饱和度。为此可将 12 m^3/t 作为Ⅰ类和Ⅱ类煤储集层的含气量分界值,含气饱和度一般可达到 60%～100%。

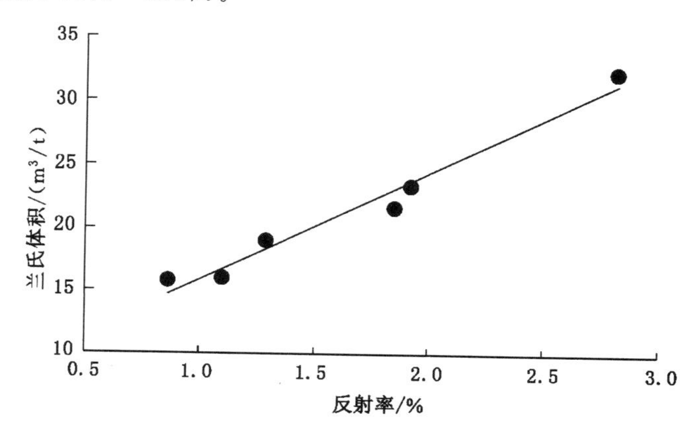

图 5-1　滇东黔西煤空气干燥基兰氏体积与反射率关系

(3) 煤储集层改造后渗透率

煤层渗透率是决定煤层气可流动性和可开发性的重要地质因素(Tao 等，2014;宋岩等，2017)。滇东黔西煤层渗透率普遍偏低，以中、低渗透储集层为主。傅雪海等(2007)将中国中、低渗透储集层划分的分界标准定为原位储集层渗透率等于 $0.1\times10^{-3}\ \mu m^2$。据此标准，可通过滇东黔西约 80 组试井渗透率与地应力的关系确定出三向地应力平均分界值约为 20 MPa[图 5-2(a)]。同时试井渗透率随三向地应力平均值增大而减小，且三向地应力平均值随埋深增大而增大[图 5-2(b)]，随埋深增大，渗透率普遍降低。在压裂改造过程中，主应力差越小，越容易形成复杂的缝网(肖钢等，2012)，越有利于储集层的改造，而三向地应力平均值与主应力差具有正相关关系[图 5-2(c)]。因此，三向地应力平均值大小既是原始储集层渗透率的主控因素，同时也是后期储集层压裂改造效果的主控因素，随埋深增大，地应力增大，储集层难以有效改造。

脆性指数可反映储集层压裂后形成裂缝的复杂程度，其值越高越容易形成复杂的网状裂缝，美国 San Juan 和 Piceance 盆地煤层脆性指数平均为 40%，压裂井的压裂效果好(Li 等，2019)，有学者认为脆性指数大于 40%时候，可以认定岩石是脆性的。参照此值，这里可取 40%作为分界值。

根据式(5-4)，原位渗透率取 $0.1\times10^{-3}\ \mu m^2$，平均地应力取 20 MPa，脆性指数取 40%，计算得到煤储集层改造后的渗透率为 $0.2\times10^{-3}\ \mu m^2$，该值可作为划分Ⅰ+Ⅱ类和Ⅲ类煤储集层改造后的渗透率分界值。

(4) 煤储集层压力

煤储集层压力是煤层气发生流动的驱动源，随埋深增大而增大。滇东黔西储集层压力从欠压到超压均有分布。在其他地质条件相同的情况下，煤储集层压力越高越容易排采，越有利于煤层气井的生产。从国内煤层气开发的实际情况来看，储集层压力一般在 5 MPa 以上开发效果较好，滇东黔西高产井埋深大部分超过 500 m，储集层压力一般在 5 MPa 以上(熊斌，2014;单衍胜等，2018)。因此，可将 5 MPa 作为划分Ⅰ+Ⅱ类和Ⅲ类煤储集层的压力分界值。

(5) 煤体结构

煤体结构是影响煤层气压裂改造的重要因素，碎裂煤和原生结构煤易于改造，而构造煤几乎不可能被改造;在排采过程中，煤体结构越破碎，煤粉产出

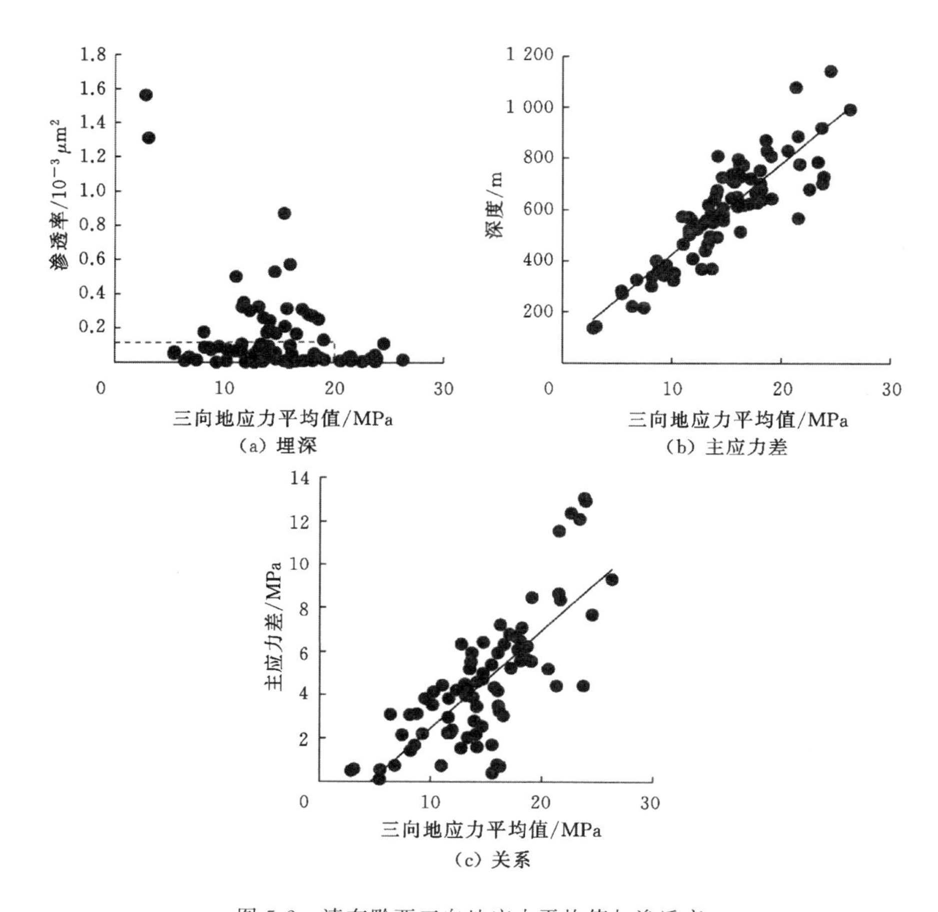

图 5-2　滇东黔西三向地应力平均值与渗透率

越多，裂缝闭合越严重且易造成排采通道的堵塞（倪小明等，2010；胡奇等，2014）。确定煤体结构是煤层气勘探开发中的一个关键问题，一般采用地质强度因子 GSI 法（陶传奇等，2017）计算煤体结构指数，进而对煤体结构进行测井解释。根据煤体破碎程度不同，煤体结构可分为原生结构煤、碎裂煤、碎粒煤和糜棱煤四类。煤体结构指数大于 45 时（原生结构煤或碎裂煤），煤体结构因子等于 1，该值可作为Ⅰ＋Ⅱ类煤储集层分类的定量指标；煤体结构指数小于 45 时（碎粒煤或糜棱煤），煤体结构因子等于 0，该值可作为Ⅲ类煤储集层分类的定量指标。

5.2.3　开发单元划分定量指标

根据划分Ⅰ类、Ⅱ类、Ⅲ类煤储集层关键参数的分界值，采用式(5-3)计算产层潜能指数得：① 对于单层，当产层潜能指数大于等于 36 划分为Ⅰ类煤储集层分布区，8～36 划分为Ⅱ类煤储集层分布区，小于等于 8 划分为Ⅲ类煤储集层分布区。② 多层合采需确定组合产层，满足"三步法"产层组合条件，即第一步根据产层优选指数，在多煤层中完成主力产层优选；第二步根据组合指数完成主力产层的扩展组合，组合指数主要考虑储集层压力梯度差、临界解吸压力差不宜过大，保证储集层流体属性相似，主力产层平稳产气和组合产层集中产气为原则；第三步根据产能贡献指数完成产层优化组合，产能贡献指数基于产层经济性评价，在第二步的基础上剔除经济性较差的产层，最终完成多煤层产层组合。组合产层平均产层潜能指数大于等于 36 划分为Ⅰ类煤储集层分布区，8～36 划分为Ⅱ类煤储集层分布区，小于等于 8 划分为Ⅲ类煤储集层分布区(见表 5-1)。

表 5-1　煤层气开发单元划分定量指标

<table>
<tr><th>开发单元类型</th><th>煤层厚度/m</th><th>含气量/(m³/t)</th><th>改造渗透率/10^{-3} μm²</th><th>储集层压力/MPa</th><th>煤体结构因子</th><th>产层潜能指数(单层或合采)/(10^{-15} m⁶·MPa/t)</th></tr>
<tr><td>Ⅰ类区</td><td>≥3</td><td>≥12</td><td rowspan="2">≥0.2</td><td rowspan="2">≥5</td><td rowspan="2">1</td><td>≥36</td></tr>
<tr><td>Ⅱ类区</td><td>1～3</td><td>8～12</td><td>8～36</td></tr>
<tr><td>Ⅲ类区</td><td>≤1</td><td>≤8</td><td><0.2</td><td><5</td><td>0</td><td>≤8</td></tr>
</table>

根据现场开发经验，Ⅰ类煤储集层分布区为最有利开发区，Ⅱ类煤储集层分布区为次有利开发区，Ⅲ类煤储集层分布区为非开发有利区。

5.3　有利区评价流程

煤层气田开发单元划分，最重要的技术环节是精细描述各项储集层物性参数的空间分布，以现在的技术手段而言，油气(煤层气)储集层三维建模技术比较成熟，基本可以满足该技术要求。开展煤层气田开发有利区评价，主要有三个步骤：① 根据现有的地质资料与认识，重构多煤层全层位储集层物性三维精细模型；② 计算各网格的产层潜能指数，并绘制单层或多层合采条件下产层潜能指数等值线；③ 根据产层潜能指数等值线的分布情况，采用开发单元划分定量指标勾画出Ⅰ类、Ⅱ类、Ⅲ类煤储集层分布区，进而优选出开发有利区。

5.3.1 多煤层全层位储集层物性三维建模

收集整理研究区尽可能多的地震、试井、测井、岩芯等地质资料，采用Petrel软件（图5-3）（或其他地质建模软件）构建煤储集层含气量、渗透率、储集层压力、煤体结构、地应力、脆性指数等物性参数的三维地质模型，可分七步实现：

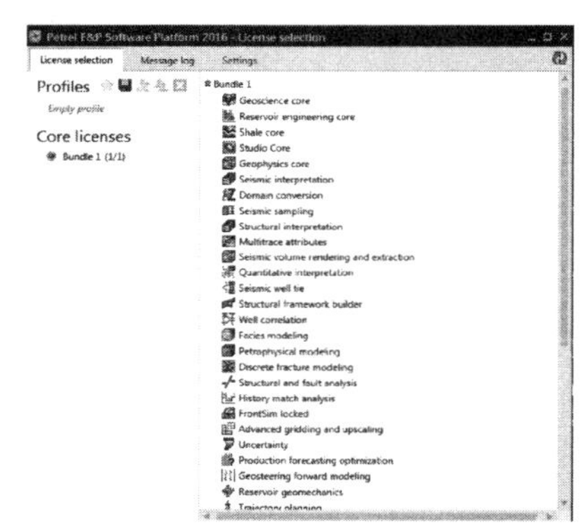

图5-3 Petrel软件界面和模块

① 数据准备：主要包括煤层气参数井和开发试验井的井基础数据、岩性分层数据和岩相数据、试井储集层物性数据。

② 测井解释：运用测井方法对孔渗性、含气量、杨氏模量、泊松比、储集层压力、地应力及煤体结构等进行预测，并根据研究区试井等实测数据进行校正约束。

③ 建模数据处理：将各数据格式转化为与软件相兼容的文本格式。

④ 构建地层格架：划分合理的网格系统，然后根据分层顶底面数据，构建层面模型，通过层面模型的空间叠合形成地层格架模型。

⑤ 构建岩相模型：主要根据地质研究成果、地震相约束，对研究区岩相参数进行地质建模。

⑥ 构建属性模型：采用高斯随机模拟方法，最大限度地应用工区已知信

息，对未知点的属性进行预测，可考虑地质情况的复杂性，同时也保证了模型的精确性。

⑦ 构建储集层物性模型：在属性模型的约束下构建各个储集层物性参数模型，然后采用垂向网格（层组）的平均值进行平面投影变换，生成二维平面图与过典型井的连井剖面图。

5.3.2　产层潜能指数平面分布与有利区评价

根据地质模型中各网格的储集层物性参数采用式（5-4）计算相应网格的产层潜能指数，然后进行平面投影变换，生成二维平面参数场，绘制各小层或多煤层全层位平均产层潜能指数等值线图。煤层气开发单元划分及有利区评价技术流程如图5-4所示。

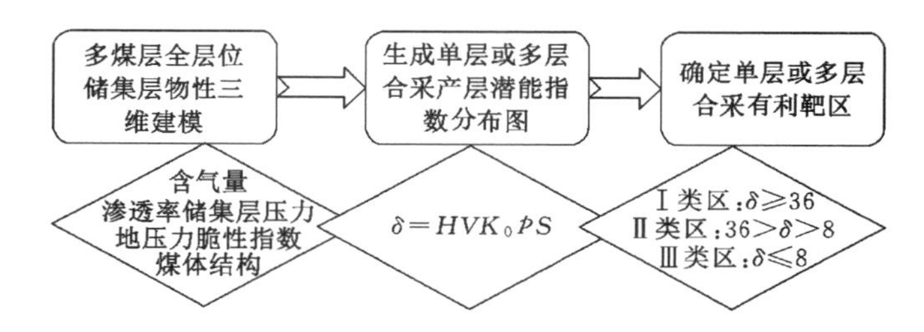

图5-4　煤层气多层合采开发单元划分及评价技术流程图（杨兆彪等，2019）

对单个小层而言，产层潜能指数主要生成包含8和36的等值线，依据煤层气开发单元产层潜能指数划分标准，对单煤层划分出Ⅰ类、Ⅱ类、Ⅲ类煤储集层分布区，其中Ⅰ类区为最有利的开发靶区。

对多层合采而言，运用产层优化组合“三步法”，首先对典型井进行产层优化组合，在确定工区主要合采层段基础上，在合采煤层平均产层潜能指数平面图上生成包含8和36的等值线，划分出Ⅰ类、Ⅱ类、Ⅲ类煤储集层分布区，其中Ⅰ类区为最有利的开发靶区。

5.4　研究区多层合采开发单元划分

5.4.1　煤储层物性三维建模

三维地质模型能够直观地表达储层物性及其展布特征等，在结合研究区基础地质情况及试井、测井资料的基础上，运用 Petrel 软件构建三维地质模型，分析其展布特征和耦合规律，并划分开发单元。

研究区基础资料对建立准确的三维地质建模具有重要意义，首先将研究区内各类地质资料进行整理，见表 5-2。

表 5-2　基础数据与内容

数据类型	资料内容
井头	坐标、高程
井轨迹	井斜、方位角
地层分层	划分组
测井曲线	DT、DEN、CAL、GR 等
物性	孔渗、含气量等
岩相	岩性

本书共收集到雨旺区块 59 个煤层气井和钻孔的井位坐标高程以及 6 口井的井斜数据；共收集到 50 口井的地层层组分层数据，并将龙潭组地层细分为 3#、7+8#、9#、13#、16#、19# 主力煤层段及其他层段；共收集到 16 口井的岩相数据以及 11 口井的原始测井数据。

在建模过程中如何划分网格非常重要，为了控制地质体的形态及保证建模精度，网格数量应适宜。考虑到研究区井位设计密度的需要，平面网格步长选取 50 m×50 m，共分布为 120×111=13 320(个)。为了使网格利用最大化，采用东西、南北向平铺网格，如图 5-5 所示。根据实际情况对地层进行垂向细分(图 5-6)，将网格平均厚度定为 1 m，共有 206 个，最终精细模型网格数约为 120×111×206=2 743 920(个)。平面及垂向上的网格精细划分为下一步属性模型的建立奠定了基础。

在网格划分完成后，进一步建立层面和断层模型，二者组合即为地层格架模型，如图 5-7 所示。采用岩相数据来替代沉积相建模，岩相建模可以反映不同的岩石类型及其在三维空间的展布，研究区地层主要发育有煤、泥岩、砂质泥岩、碳质泥岩、粉砂岩、细砂岩、中砂岩、石灰岩、泥质灰岩，本次采用这 8 种岩性进行岩相地质建模，如图 5-8 所示。

在属性模型中分别构建各个储层物性参数的三维模型，然后在平面上进

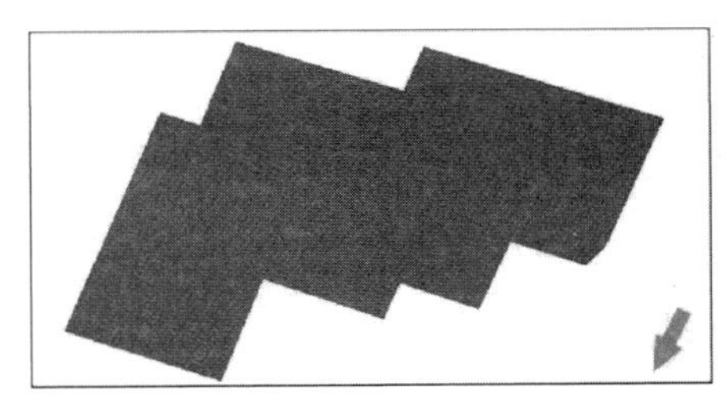
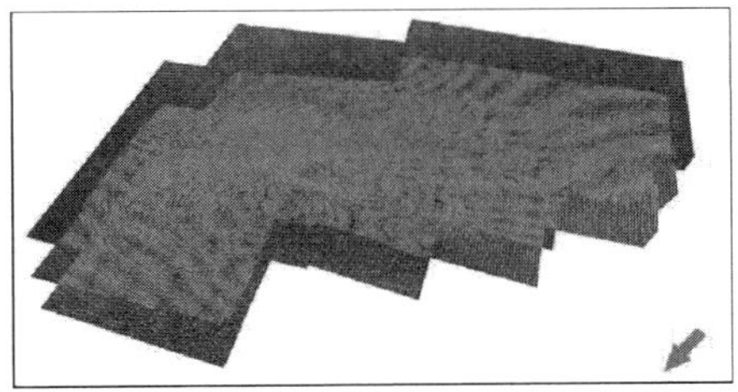

图 5-5　二维与三维网格划分

层位	显示	方式	参数	值
CX	Yes	Proportional	Number of layers:	15
3#	Yes	Proportional	Number of layers:	2
LT1	Yes	Proportional	Number of layers:	35
7+8#	Yes	Proportional	Number of layers:	3
LT2	Yes	Proportional	Number of layers:	24
9#	Yes	Proportional	Number of layers:	5
LT3	Yes	Proportional	Number of layers:	20
13#	Yes	Proportional	Number of layers:	6
LT4	Yes	Proportional	Number of layers:	30
16#	Yes	Proportional	Number of layers:	4
LT5	Yes	Proportional	Number of layers:	27
19#	Yes	Proportional	Number of layers:	5
LT6	Yes	Proportional	Number of layers:	30

图 5-6　垂向网格划分

行投影变换，数值为在垂向上层组的平均值，即生成二维平面图。在区块内由西南向东北作 YW-02→YW-04→YW-S1R→YW-01→FCY-07→YW-03 井的连井剖面线，并将其运用到属性模型中即可建立连井剖面图，如图 5-9 所示。

（1）含气量

研究区内的实测空气干燥基含气量为 0.09～29.97 m^3/t，测井含气量为 0.14～18.27 m^3/t，二者变化范围均较大。从含气量平面分布图来看，区块西部和南部平均含气量较高，YW-02 井附近以及东北部较低。从连井剖面图上来看，含气量整体上随着埋深的增加而增大，但是在垂向层位上并没有明显的规律可循，主要呈波动式变化（图 5-10），符合叠置煤层气系统的基本特征（Qin 等，2018；Yang 等，2015）。

（2）渗透率

研究区测井渗透率为 0.015～0.660 mD，属中低渗到中渗储层，总体上中渗储层偏多；试井渗透率为 0.005 6～0.870 0 mD，平均 0.130 0 mD，低渗到中

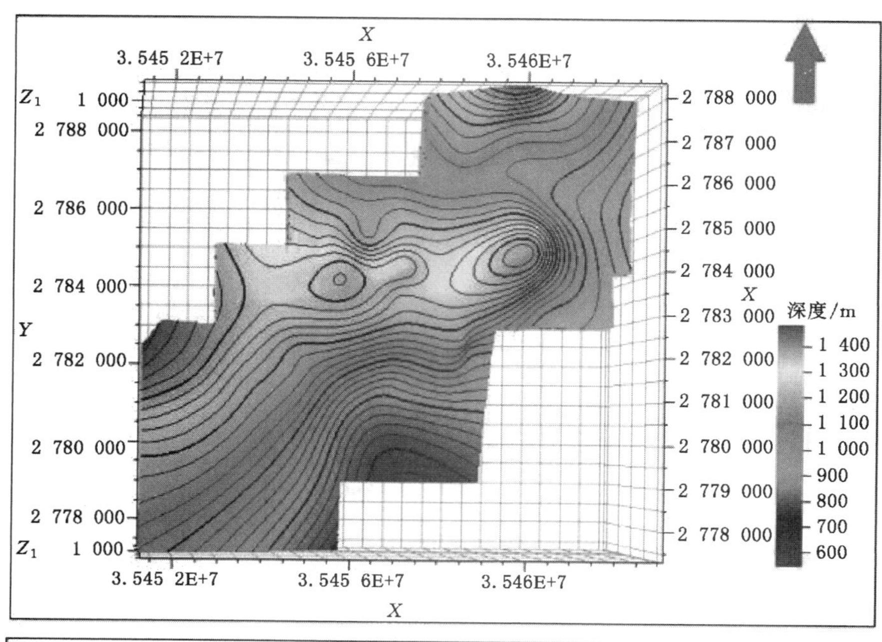

图 5-7　层面模型与断层模型

图 5-8　岩相地质建模

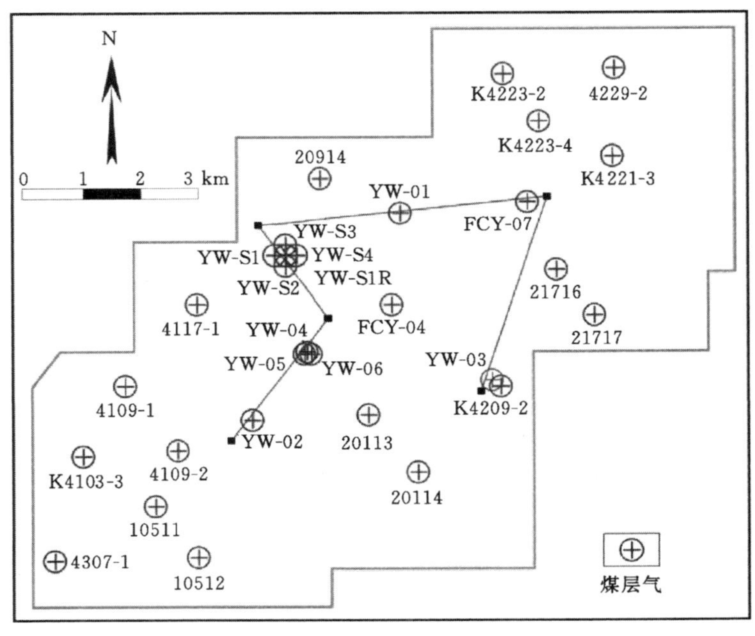

图 5-9　研究区连井剖面线

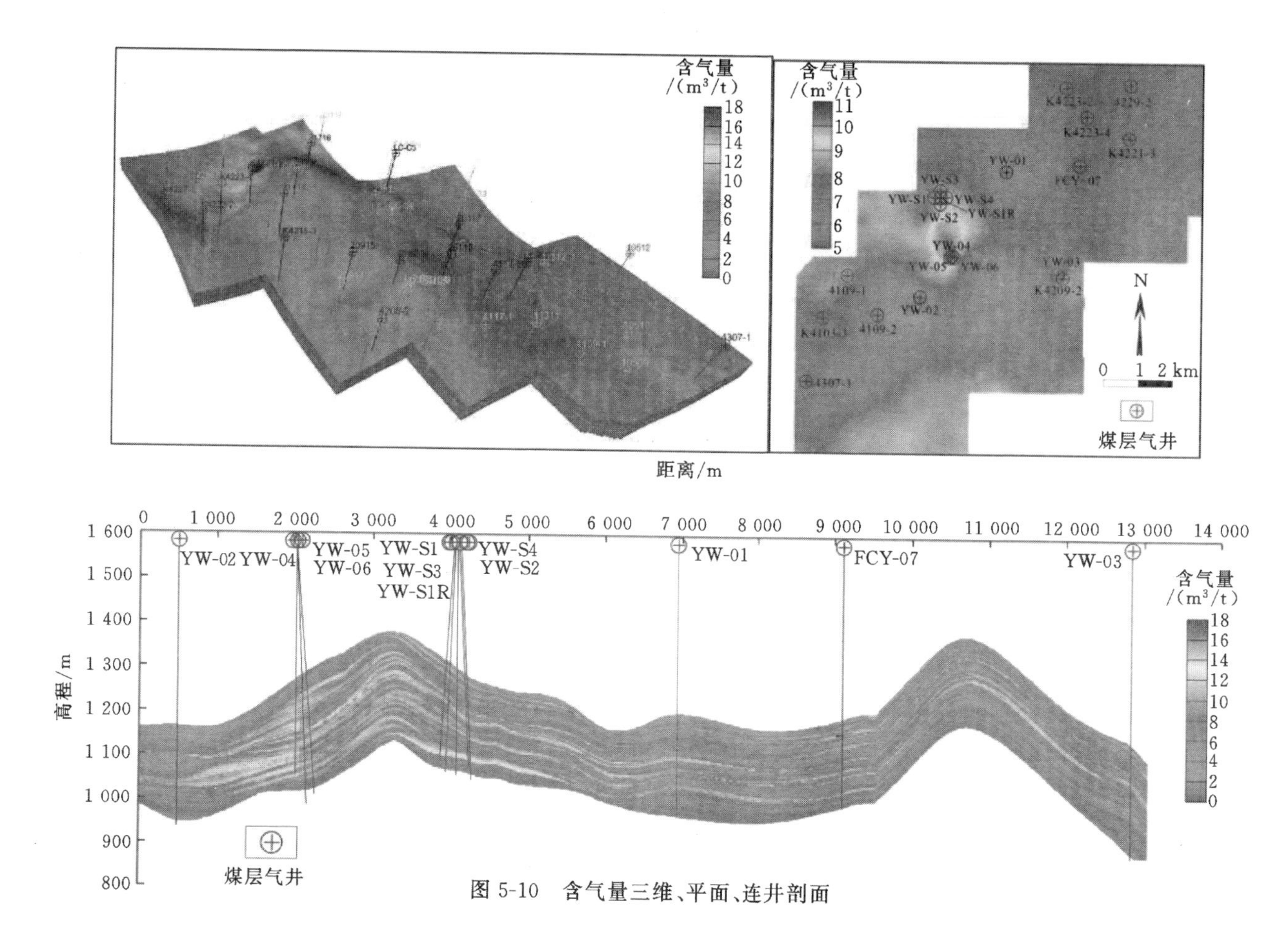

图 5-10 含气量三维、平面、连井剖面

渗储层均有分布，中低渗储层偏多。可以看出，雨旺区块煤储层渗透性一般，以中低渗储层为主。从渗透率平面分布图来看，区块中部及西南部渗透率较高，东北部及 YW-S1R 井组附近渗透率较低。垂向上煤层渗透率总体上处于较低水平，局部发育有中渗储层(图 5-11)。

(3) 储层压力

研究区测井解释储层压力为 5.06～8.82 MPa，与实测试井值相近，对应的煤储层压力系数介于 0.63～1.43 之间，平均 1.04。可以看出，研究区的储层欠压状态、常压状态和超压状态均有存在。

从平均储层压力平面分布图来看，研究区的东部及北部储层压力处于较高值，而在 YW-S1R 井组附近处于较低值，与煤层的埋深分布趋势基本一致，说明深部煤储层能量高于浅部。从垂向上来看，研究区整体上储层压力随埋深的增加而增大，同时部分区域储层压力随埋深的增加呈现出波动性变化(图 5-12)。

(4) 三向地应力

地应力场的空间变化对煤层气的勘探开发有着重要影响，渗透率随有效地应力的增大而呈指数降低。Ju 等(2018)分析认为，雨旺区块煤储层的现今地应力条件有利于形成复杂网状压裂缝系统，有利于压裂改造。本节通过地应力测井解释及试井资料，对三向地应力特征分别进行分析。

① 垂向地应力

研究区长兴-龙潭组地层垂向应力在 12.41～23.43 MPa 之间，平面上在 YW-01 井和 YW-03 井附近较高，说明地层埋深较大，而在 YW-S1R 井组附近较低。垂向上随层位的降低而增大，与埋深的分布趋势保持一致(图 5-13)。

② 最小水平主应力

研究区测井解释最小水平主应力在 7.31～22.10 MPa 之间，与试井值相近，平面上在 YW-S1R 井组附近较高，相应部位渗透率值较低。垂向上随层位降低有一定波动变化，整体随着埋深增加有增大的趋势(图 5-14)。

③ 最大水平主应力

研究区测井解释最大水平主应力为 12.23～35.37 MPa，根据试井资料计算在 12.82～32.97 MPa 之间，二者相近。平面上在 YW-S1R 井组附近较高，西南部较低。垂向上呈波动式变化，整体随埋深增加而增大。依据相关标准划分出雨旺区块中等地应力、高等地应力和超高等地应力均有发育，其中高等地应力居多，整体上属于高应力区(图 5-15)。

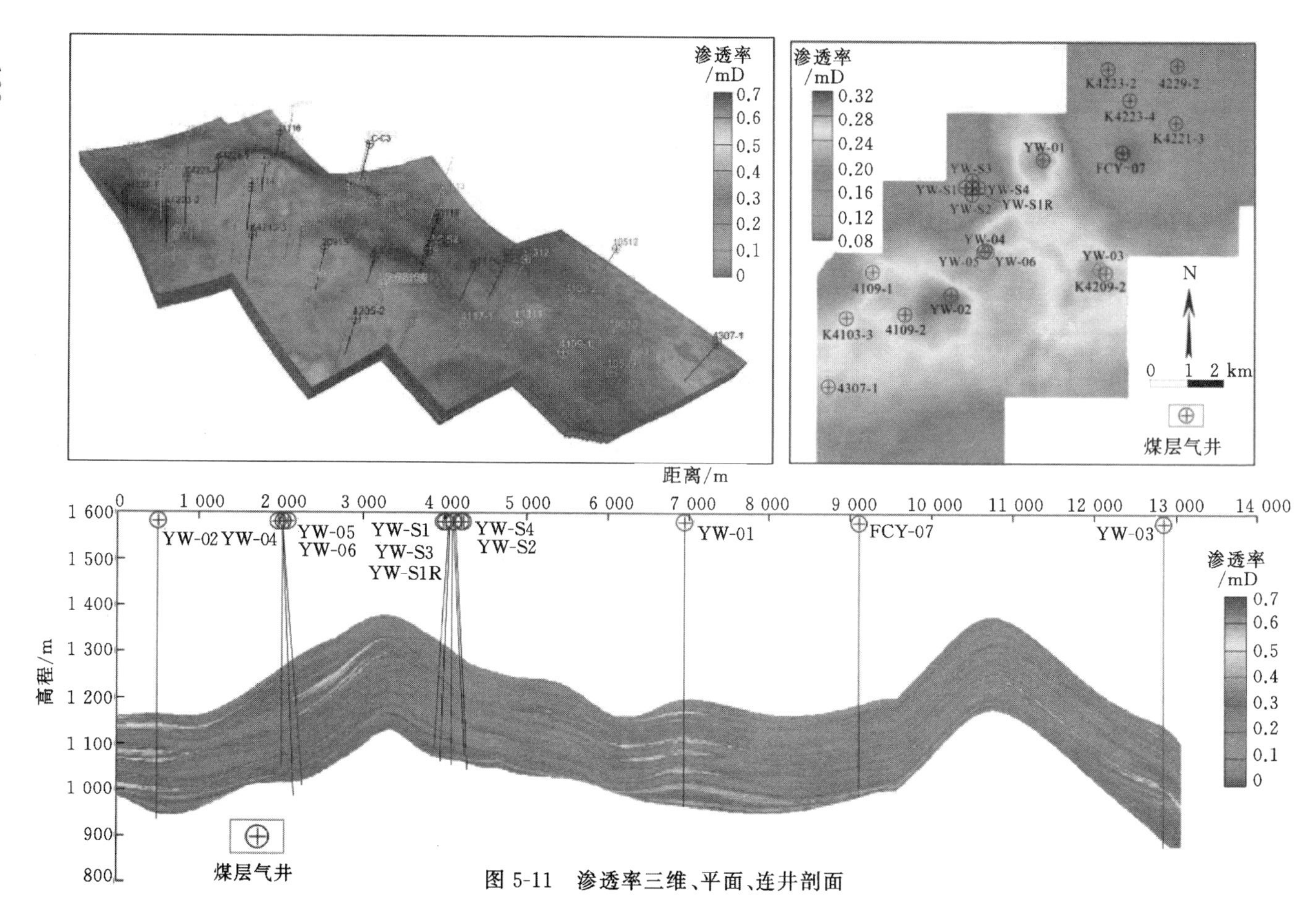

图 5-11 渗透率三维、平面、连井剖面

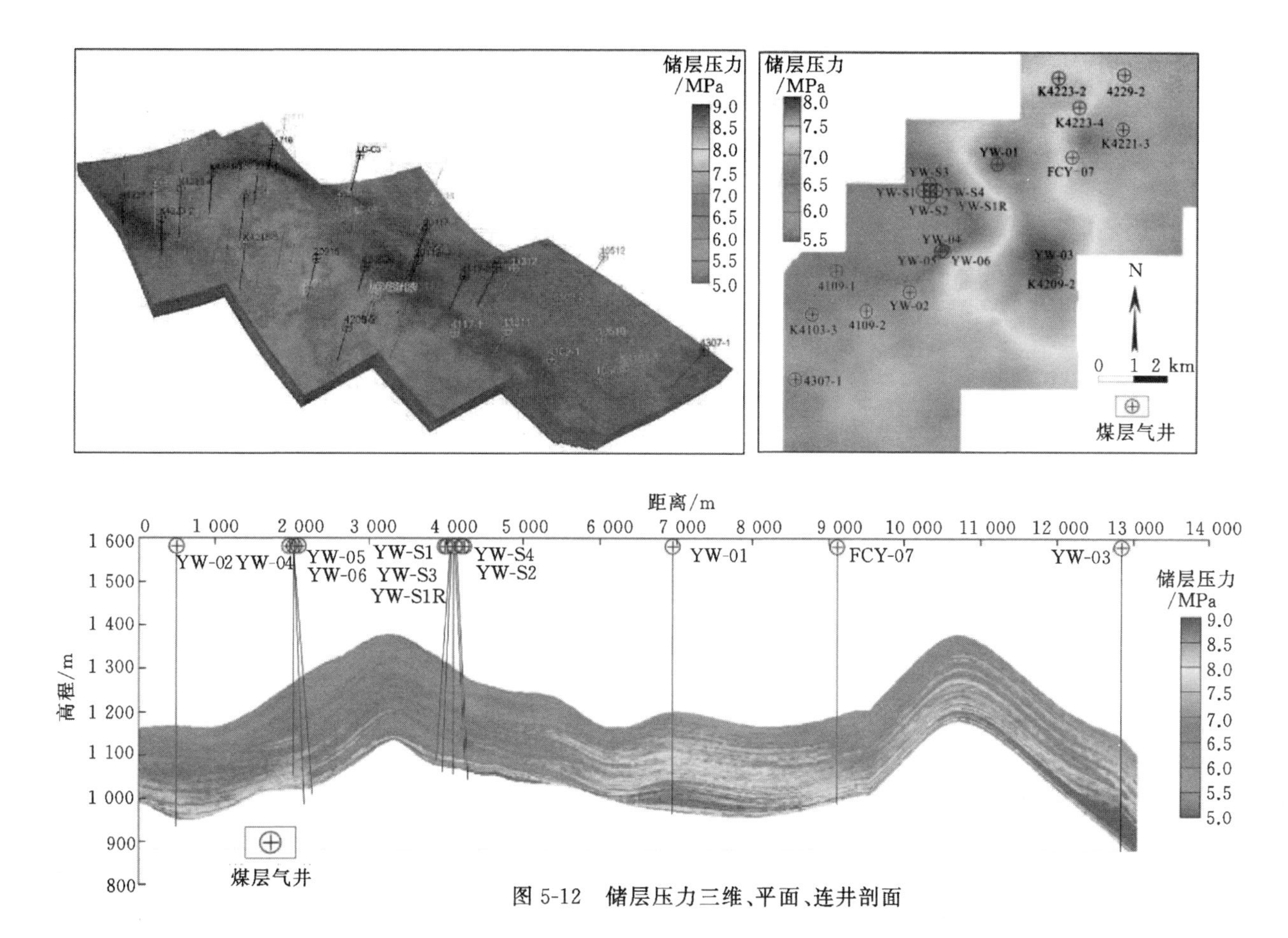

图 5-12　储层压力三维、平面、连井剖面

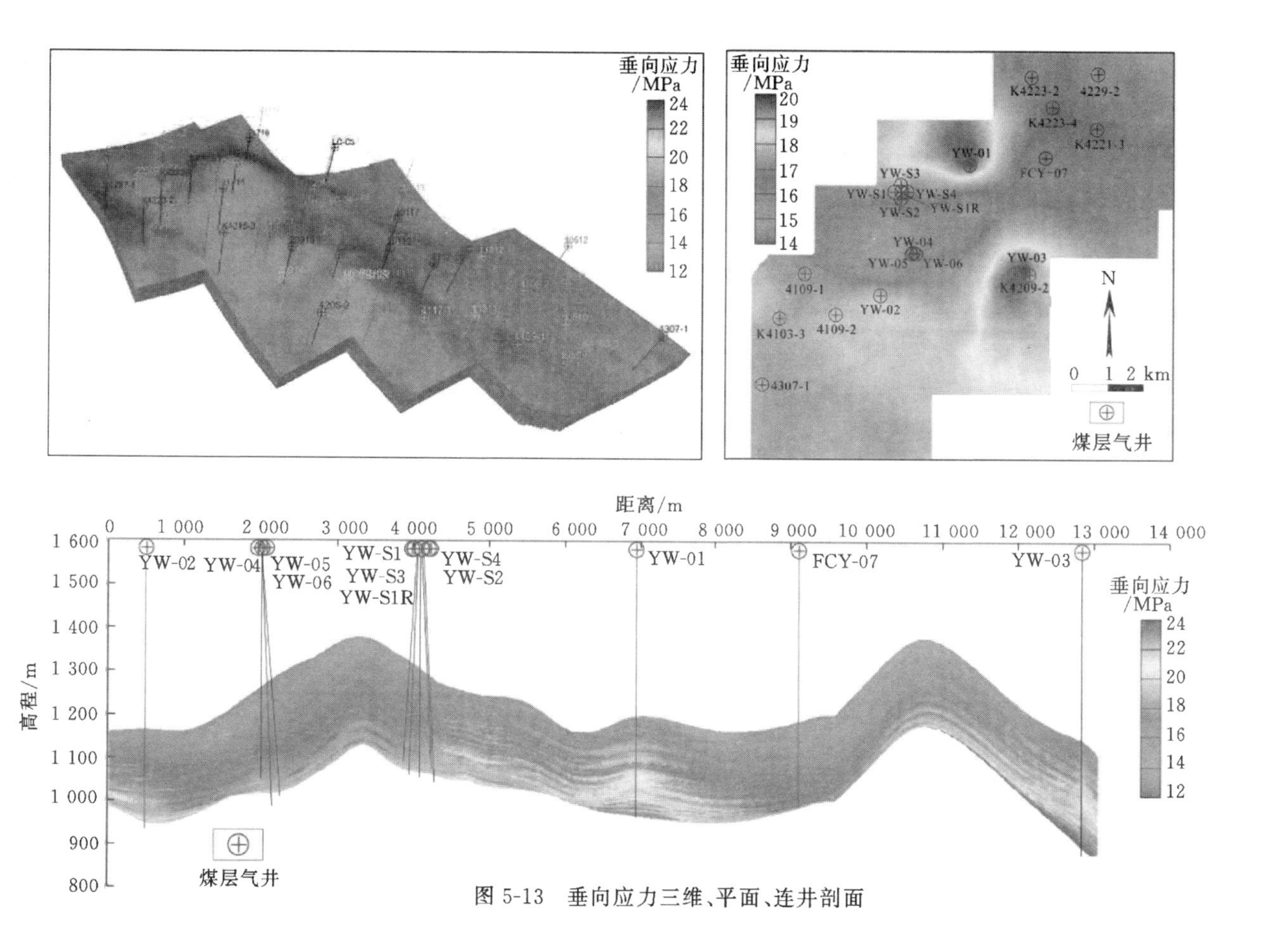

图 5-13 垂向应力三维、平面、连井剖面

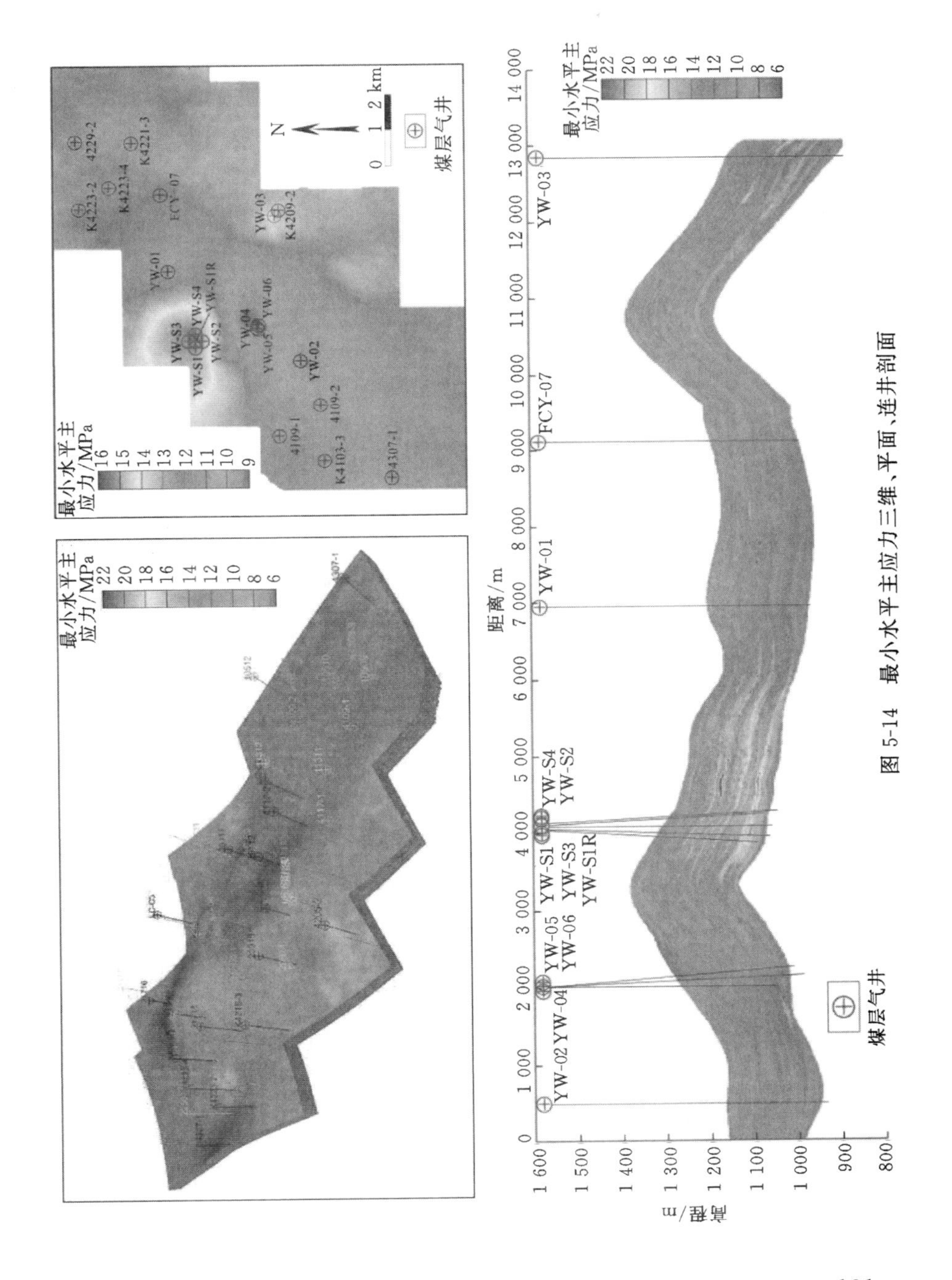

图 5-14　最小水平主应力三维、平面、连井剖面

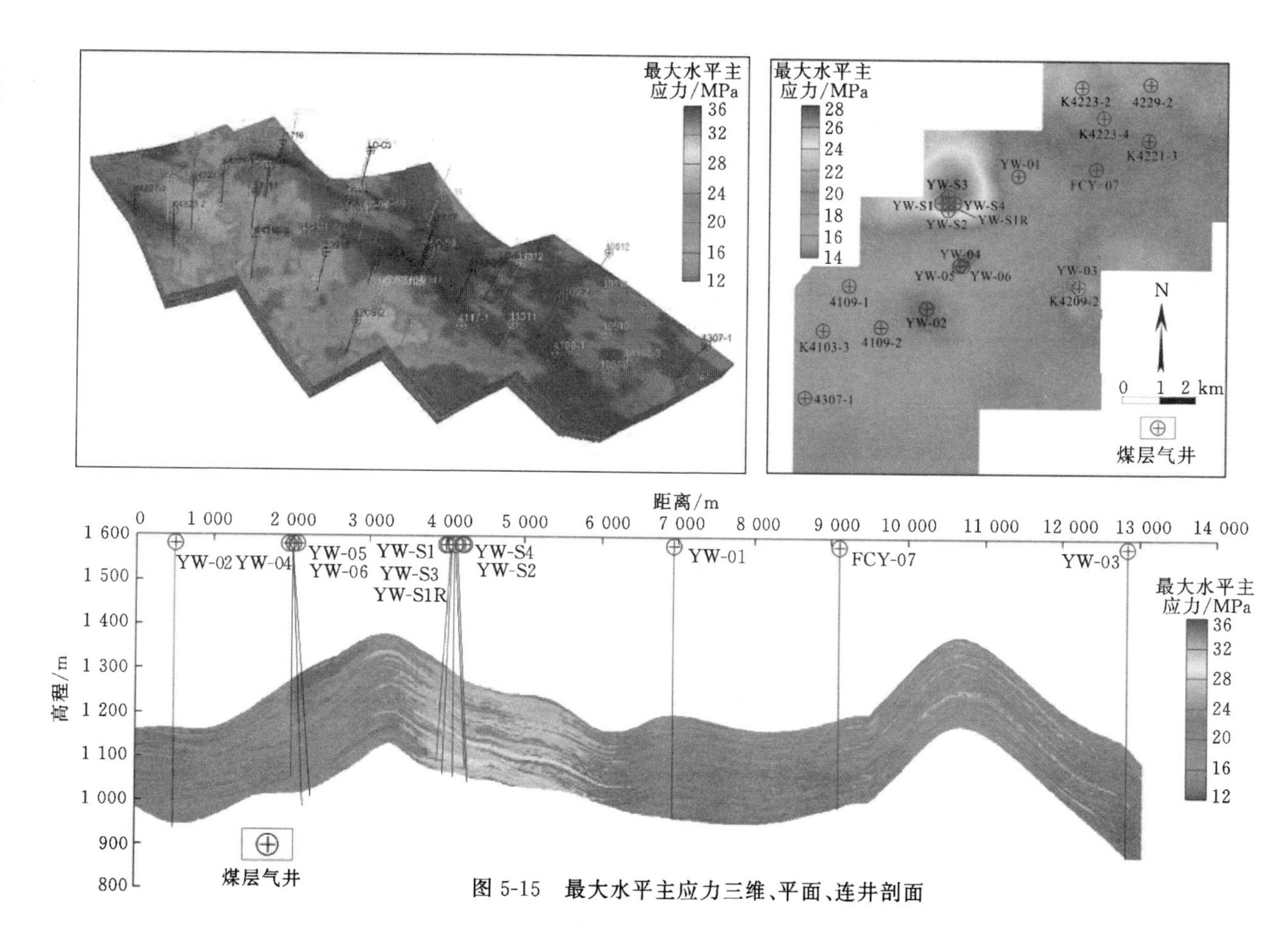

图 5-15 最大水平主应力三维、平面、连井剖面

(5) 煤体结构

对研究区内共 11 口煤层气井进行全层位煤体结构的测井解释，数值介于 8～99 之间，并与实际岩芯进行对比，发现Ⅰ类、Ⅱ类和Ⅲ类煤均有发育。平面上研究区东部和西南部指数较高，相应煤体结构较好，而在东北部指数较低，煤体结构相对较差。从垂向上来看，煤体结构与埋深并无确切关系。从整体上可以看出，研究区的浅部和深部煤体结构较好，而在中间部位的煤体结构相对较差(图 5-16)。

(6) 脆性指数

研究区脆性指数为 15.2%～74.9%，平面上东部和区块西南边缘部分脆性指数较高，区块中部偏北部分较低。垂向上，区块脆性指数随埋深的增加没有明显规律，煤层脆性指数大小相间分布(图 5-17)。

5.4.2　开发单元划分及有利区评价结果

(1) 单层有利区评价

研究区单煤层储层开发有利区划分如图 5-18 所示，Ⅰ类、Ⅱ类和Ⅲ类区均有分布，整体来看分布较为分散且并无明显规律可循。3# 煤Ⅰ类区主要在东南及北部，其余小部分零星分散；Ⅱ类区大部分集中于中部，北部和南部占小部分；Ⅲ类区范围较广，主要集中于东北及西南。7＋8# 煤Ⅰ类区分布连续但较为分散，主要集中于区块南部；Ⅱ类区大部分在西部和北部，零星分散于东南部；Ⅲ类区分布范围较小，主要集中于区块西部边缘部分，东北部分零星分布。9# 煤Ⅰ类区较为集中，主要处于中部和南部；Ⅱ类区零散分布，主要在北部；Ⅲ类区全部分布于区块偏北方向，分布于西北和东北部。13# 煤Ⅰ类区分布范围中等，主要呈现条带状分布于区块中部，小部分分布于东北部；Ⅱ类区分布范围较广；Ⅲ类区分布范围较小，多集中于区块的西南部位。16# 煤Ⅰ类区呈条带状分布在区块的中部和南部；Ⅱ类区分布较为集中，且北部和南部分布较为均匀；Ⅲ类区零星分布于区块的西部和东北部。19# 煤Ⅰ类区呈条带状分布在区块的中部和南部；Ⅱ类区主要靠区块西部边缘分布，小部分分布在区块的东南部位；Ⅲ类区分布集中，主要位于区块东北部分。

综合以上研究区的单层煤储层开发有利区划分结果可以发现，不同主力煤层的开发有利区划分范围有着较大的差异性，对于多煤层地区，只采用单一的主力煤层来划分全区的有利区容易产生较大的误差且难以统一。因此，评

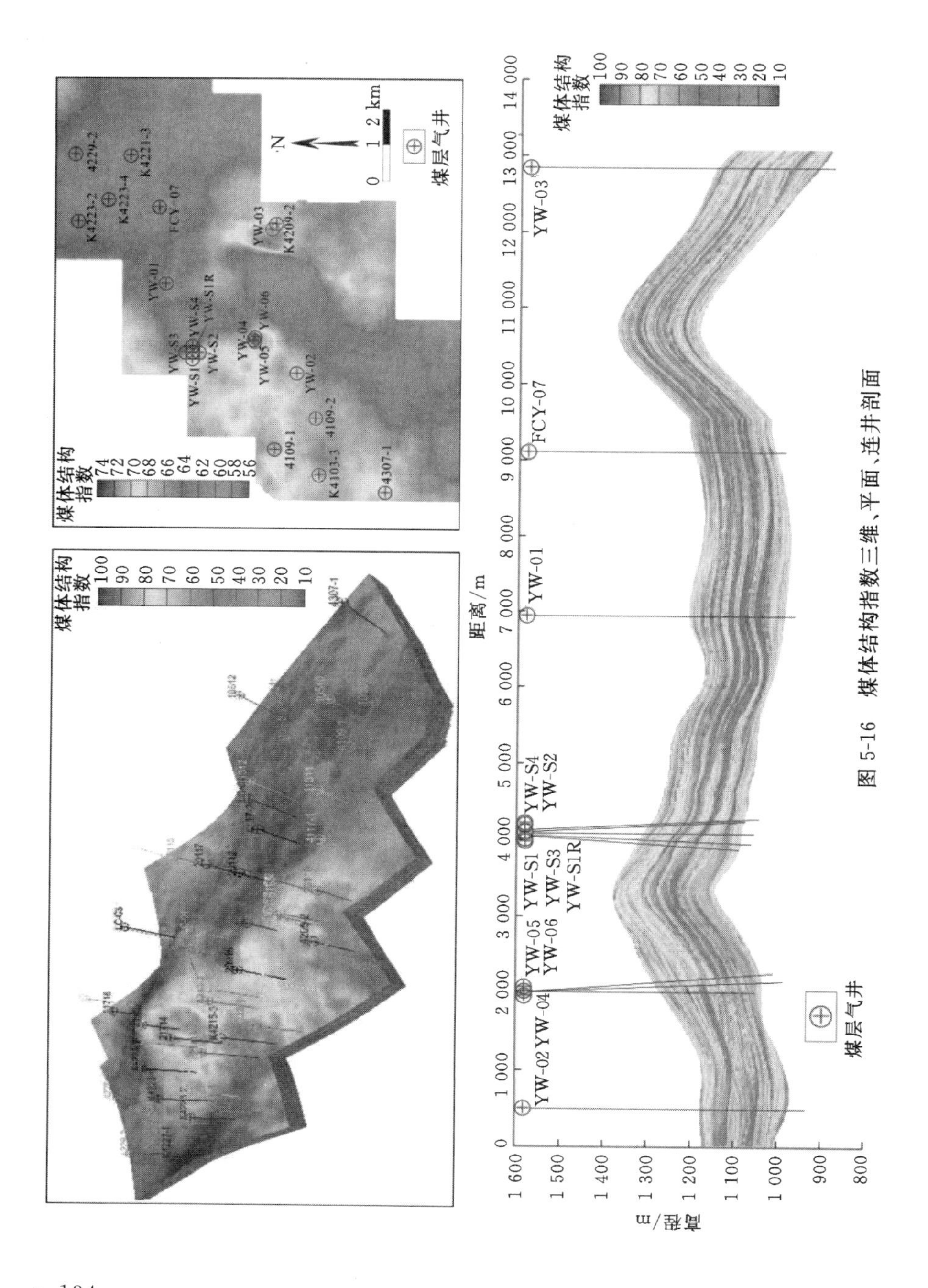

图 5-16　煤体结构指数三维、平面、连井剖面

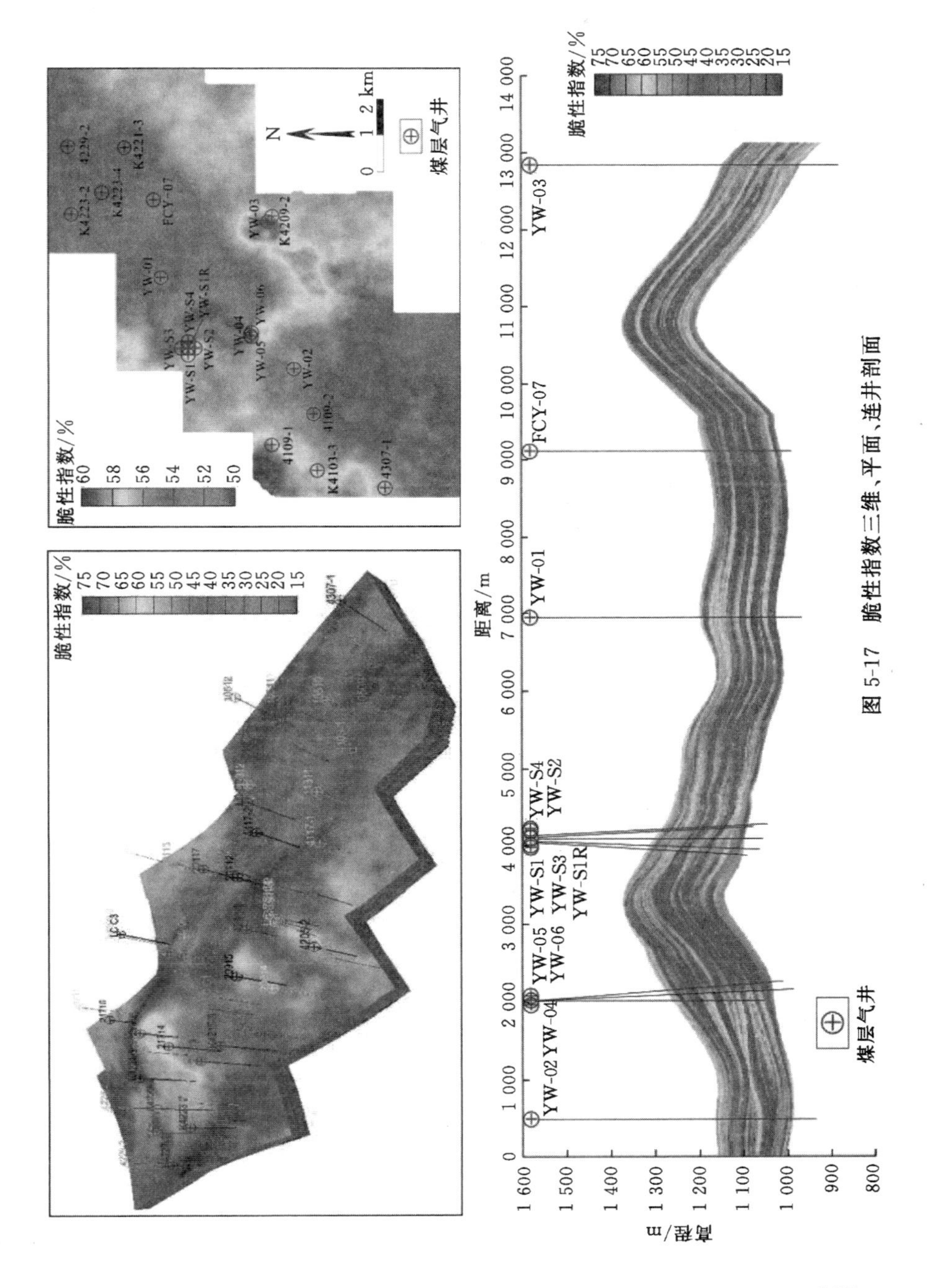

图 5-17 脆性指数三维、平面、连井剖面

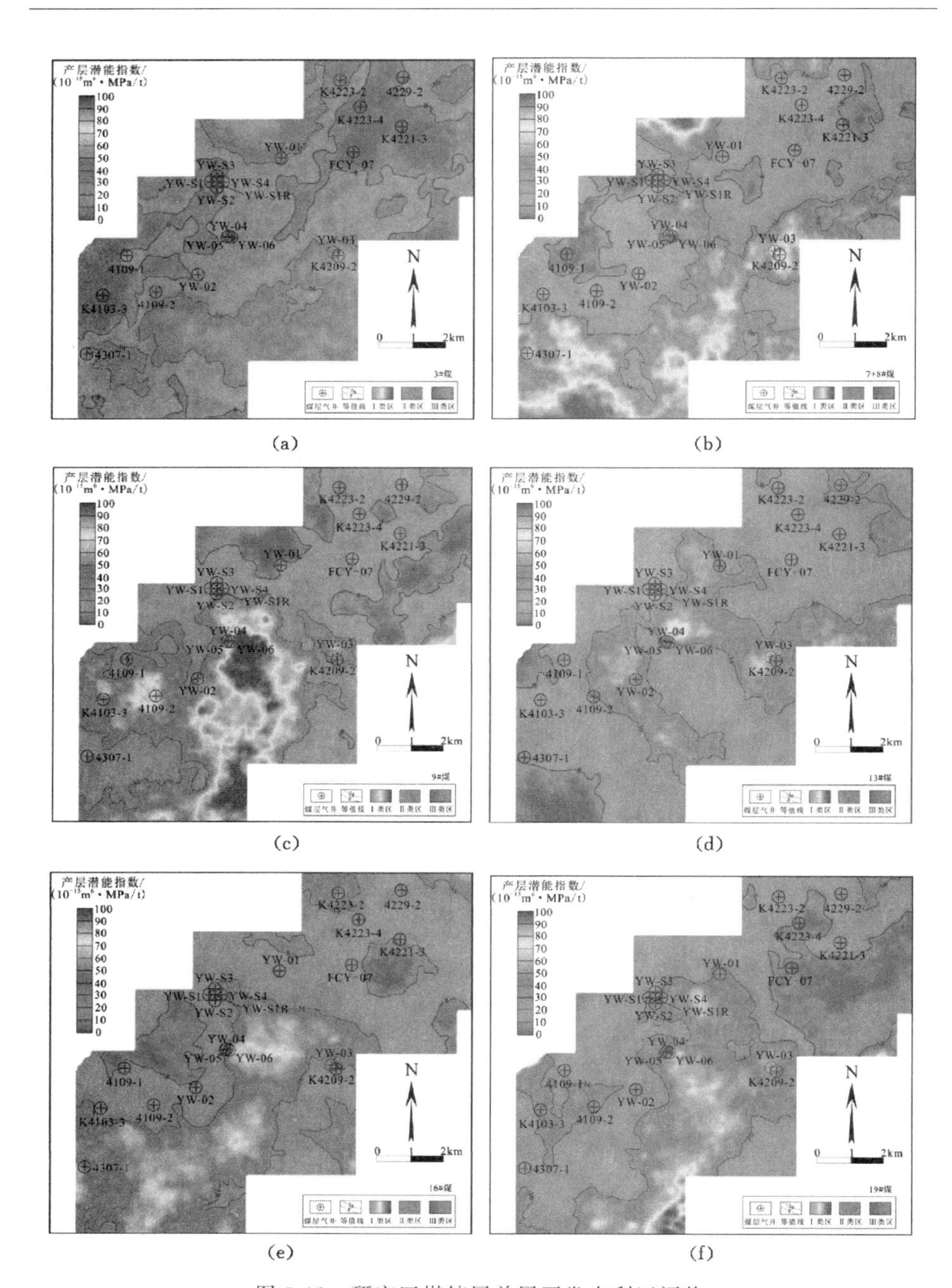

图 5-18　研究区煤储层单层开发有利区评价

价多煤层地区首先需要对各煤层进行产层组合，优选出产层组合后进而划分开发单元。

(2) 多层合采有利区评价

由第4章可知，研究区可划分出两套大的产层组合，分别为9#煤及以上产层组合和13#煤及以下产层组合。通过多层合采图显示，9#煤及以上煤储层Ⅰ类、Ⅱ类和Ⅲ类区均有分布，Ⅰ类区主要分布于研究区西南部位，呈现条带状，在YW-04井组附近产层潜能指数达到最高；Ⅱ类区大范围分布，有小部分在西部边缘；Ⅲ类区分布范围极小，位于FCY-07井附近。13#煤及以下煤储层中分布有Ⅰ类和Ⅱ类区，无Ⅲ类区分布，整体上产层潜能指数高于9#煤及以上煤储层，其中，Ⅰ类区分布范围较广，集中分布于研究区的中部和中偏南部位，显示在YW-04井组附近开发潜能较高；Ⅱ类区分散在研究区的北部和南部，无Ⅲ类区分布。综合两套产层组合的产层潜能指数评价图可以发现，13#煤及以下的Ⅰ类区要比9#煤及以上的分布范围更广，研究区的中间部位及偏西南部位均分布有Ⅰ类区，且都在YW-04井组附近潜能值较高，说明中间部位及西南部位的煤储层开发潜能更大(图5-19)。

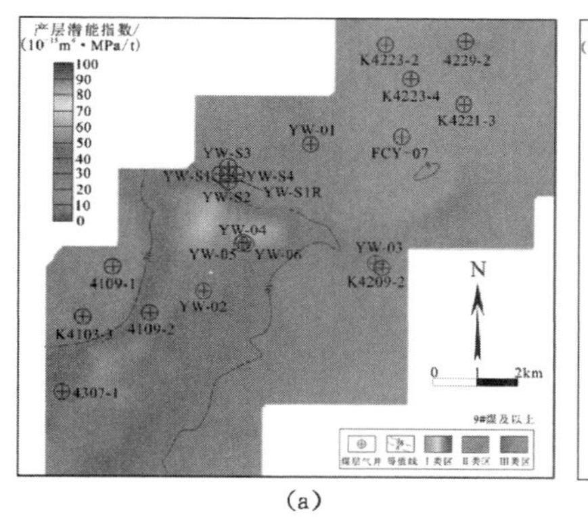

(a)

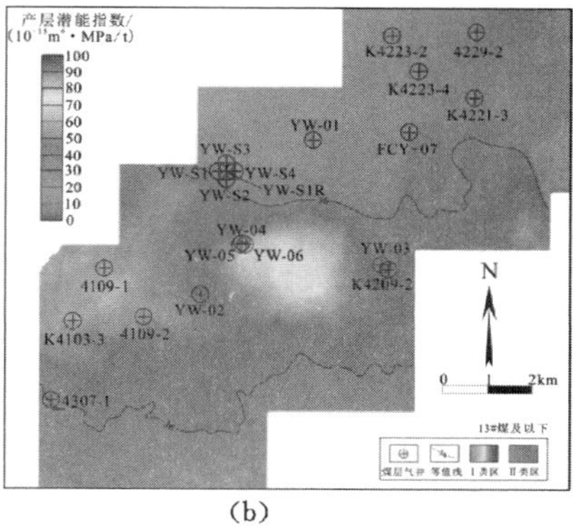

(b)

图5-19 研究区煤储层多层合采开发有利区评价

5.4.3 评价结果可靠性分析

研究区YW-S1R井组的开发层位有7+8#和19#煤层，YW-01井开发层位是7+8#和13#煤层，YW-02井开发层位是16#、18#和19#煤层，YW-03井的开发层位是13#、14#和19#煤层，YW-04井的开发层位是13#、16#、

18#和19#煤层，YW-05井的开发层位是13#和24#煤层，YW-06井的开发层位是14#、16#和18#煤层。由此可见，YW-S1R井组和YW-01井的开发层位不在产层优化组合的范围之内，而其余煤层气井的开发层位都位于13#煤及以下产层组合中。从9#煤及以上和13#煤及以下合采评价图来看，二者都位于Ⅱ类区之中，YW-S1R井组平均产气量为4.14～477.04 m^3/d，YW-01井产气峰值约为330 m^3/d，相对较低且衰减很快，地层能量不足，可见煤层气产层潜能较低，开发效果一般。

YW-02井在13#煤及以下合采时位于Ⅰ类区，产气峰值约为400 m^3/d，开发效果较好。YW-03井在13#煤及以下合采时同样位于Ⅰ类区，前期产液量高且见套压时间长，但是产气量在逐步缓慢提升，产气量峰值约为420 m^3/d。YW-04井组均位于13#煤及以下合采中的Ⅰ类区且产层潜能指数最高，是研究区中产层开发潜能最好的区域。YW-04井和YW-06井的产气峰值分别在700 m^3/d和810 m^3/d左右，产气量最高且YW-06井产气量仍有持续上升的趋势(图5-20)。

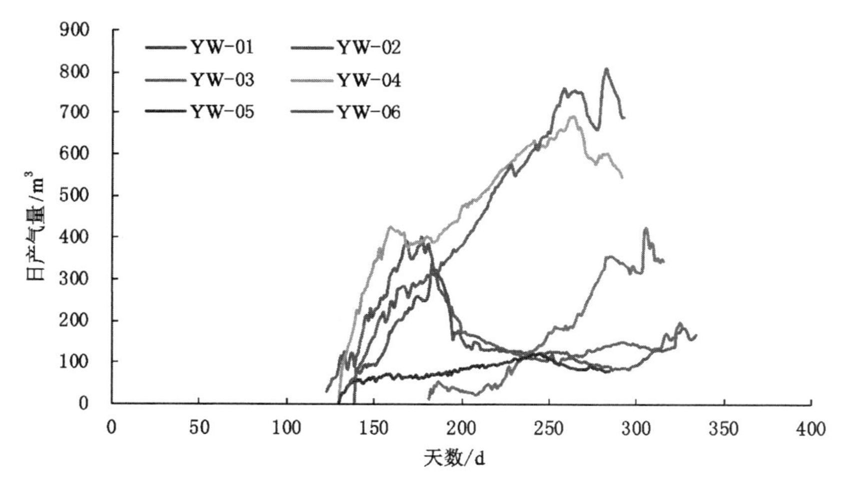

图5-20　研究区煤层气井日产气量变化

通过煤层气井的产层潜能评价(见表5-3)可以看出，除去个别井位之外，通过煤储层产层潜能指数划分出的开发有利区评价结果，基本与研究区实际煤层气井的开发效果保持一致，具有实际意义。

表5-3　研究区煤层气井产层潜能评价表

井名	有利区	产气峰值/(m^3/d)	评价
YW-01	Ⅱ类	330	产气峰值低且衰减快，地层能量不足
YW-02	13# 煤及以下Ⅰ类	400	后期产能不理想，井位离白龙山煤矿巷道较近
YW-03	13# 煤及以下Ⅰ类	420	前期见套压时间长，但是产气量在逐步提升
YW-04	Ⅰ类	700	开发潜能最好，产气量仍有持续上升的趋势
YW-06	Ⅰ类	810	

5.5　小结

（1）以煤层气井产能方程为基础，考虑煤储集层可改造性对气井生产能力的影响，对产层优化组合“三步法”中的主力产层优选指数进行修正，进而提出煤层气产层潜能指数用于评价多层合采条件下的开发有利区。通过对影响产层潜能指数的煤储集层关键参数的分析，建立了多煤层煤层气开发单元划分方法，提出了定量分级评级指标体系。在此基础上，制定出完整的多煤层煤层气开发有利区的评价流程：采用成熟的三维地质建模技术对多煤层全层位进行储集层物性参数的精细刻画；计算各网格的产层潜能指数，并绘制单层或多层合采条件下的产层潜能指数等值线；根据产层潜能指数等值线的分布情况，采用开发单元划分定量指标划分出Ⅰ类、Ⅱ类、Ⅲ类煤储集层分布区，进而优选出开发有利区。

（2）完成了雨旺区块储层物性三维建模。运用Petrel地质建模软件构建了含气量、渗透率、储层压力、三向地应力、煤体结构、脆性指数等三维、平面和剖面地质模型，阐明了其平面及垂向上的展布特征。

（3）完成了雨旺区块单层及合采有利区评价，通过雨旺区块6层主力煤层的单层有利区评价发现，Ⅰ类、Ⅱ类和Ⅲ类区均有分布，不同主力煤层的有利区划分范围有一定差异。通过合采有利区评价可知，9# 煤及以上合采有利区较小，而13# 煤及以下的合采有利区较大，主要分布在研究区的中南部。

第6章　多层合采煤层气井产出水地球化学响应

多煤层煤层气井产出水地球化学响应具有丰富的地质意义。本章以贵州松河井组8口井为例，基于稳产期1年以上的产出水常规离子、氢氧同位素、溶解无机碳(DIC)稳定同位素($\delta^{13}C_{DIC}$)为分析对象，采用聚类分析及地质分析的手段，探讨了多煤层煤层气井组形成井间干扰时和层间干扰时的地球化学响应特征及其产能意义，同时对产出水溶解无机碳稳定同位素正异常进行了初步的微生物学研究，揭示了多煤层煤层气产出水溶解无机碳的地质响应及其微生物学特征。

6.1　概述

目前贵州西部开发试验井已有200多口，部分单井产量较高，但普遍出现单井或井组合层排采产量不稳定、开发效果差的现象。多煤层井组开发面临着井间干扰认识不清，尤其是单层产层贡献难以鉴别的技术难题(Yang等，2018)。以往研究往往通过分析储层物性参数及排采动态，通过数值模拟的方法来分析，进行井间干扰及产层贡献识别。

煤层气排采的实质就是通过抽排煤层及其围岩中的地下水，使储层压力不断降低至临界解吸压力，从而气体开始解吸，并通过煤储层的孔裂隙扩散、渗流、运移至井筒产出的过程。因此，地层水是影响煤层气开发的重要因素，系统研究产出水化学特征对揭示地层水环境及煤层气产能具有重要意义。

贵州西部松河开发试验井组有8口井，已排采3年多，目前处于稳产阶段，但产量不是很理想。笔者从2016年9月开始，间隔2～3月进行水样的采集，进行了常规离子浓度、氢氧同位素、溶解无机碳(DIC)稳定同位素测定，本章以期提炼地层水蕴含的丰富地质信息及指标，对井组井间干扰和多煤层产层贡献地球化学响应特征进行深入分析，阐明井间干扰的形成过程，识别多煤层层间干扰及其主要产层贡献。同时，为验证溶解无机碳（DIC）稳定同位素正异常的微生物还原作用，进行了典型井 16S rDNA 测序分析，初步进行了产出水微生物学特征研究，揭示了多煤层煤层气产出水溶解无机碳的地质响应模式及其微生物学特征。

6.2　开发地质背景

松河区块含煤地层为晚二叠世龙潭组，龙潭组煤系地层分三段：龙潭组上段，龙潭组中段，龙潭组下段。其中，龙潭组中段为三角洲前缘沉积相，而龙潭组上段和下段分别为潟湖潮坪相。煤系地层厚度平均 341 m，区内薄及中厚煤层群发育，煤层厚度普遍在 1～3 m。含煤平均 50 层，含煤总厚度平均 41 m。可采煤层共 18 层，主要为 1＋3#、4#、9#、12#、15#、16#、17#，可采总厚 11.68 m，其中 1＋3#～10# 煤层属于龙潭组上段，12#～18# 煤层属于龙潭组中段，24#～29# 煤层属于龙潭组下段；煤层以焦煤为主，含气量较高，为 6.46～20.99 m^3/t，含气饱和度大于 70%；压力系数为 1.08～1.40，具有异常高压特征。

松河目前有 8 口煤层气开发试验井(图 6-1)，为丛式井组。GP-1 井和 GP-2 井 2014 年 1 月投产，GP-3～GP-8 井 2015 年 1 月投产。

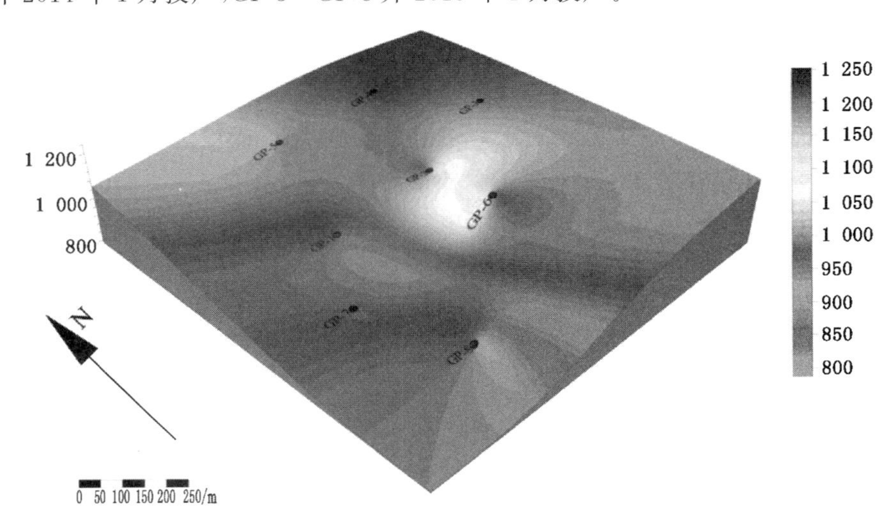

图 6-1　GP 井组 29-3# 煤靶点标高图

所有井均采用“分段压裂，合层排采”的开发方式，每口井一般压裂 3～4 段，产层跨度在 200 m 左右，每段厚度在 20 m 左右，包含三层主力煤层。截止至 2017 年 11 月，日产量最高达到 3 000 m^3 左右，后期稳产在 500 m^3 左右。累计产水量为 1 400～3 300 m^3 左右，单井平均累计产水 2 000 m^3 以上。具体井组工程信息见表 6-1。

表 6-1　松河煤层气井基本开发情况

井名	埋深/m	开发层位	煤厚/m	跨度/m	煤层气最高产量/(m^3/d)	煤层气累计产量/($\times10^6$ m^3)	产出水累计产量/m^3	投产时间
GP-1	847.00	6#、9#、12#、13#、15#、16#、29#	18.8	268	1 196	0.52	3 043.99	2014.1
GP-2	764.00	1+3#、5#、9#、10#、11#、13#、15#、16#	14.4	114	1 802	0.59	2 731.04	2014.1
GP-3	610.00	6#、9#、12#、13#、15#、29#	15.7	341	1 915	0.66	1 463.37	2015.1
GP-4	564.50	6#、9#、13#、15#、16#、29#	16	363	2 732	0.60	1 235.08	2015.1
GP-5	654.00	1+3#、4#、5#、6#、9#、13#、15#、29#	22.8	376	2 141	0.61	1 514.00	2015.1
GP-6	617.00	1+3#、4#、5#、6#、9#、15#、16#、26#、27#、29#	28.1	322	2 950	0.78	1 800.48	2015.1
GP-7	902.00	1+3#、4#、5#、12#、15#、27#、29#	19.1	301	1 620	0.34	2 209.58	2015.1
GP-8	977.08	1+3#、4#、5#、12#、13#、15#、26#、27#、29#	25.75	311	2 567	0.45	2 326.25	2015.1

注：排采时间截止到 2017 年 12 月。

6.3　研究方法

针对土城向斜松河 8 口开发试验井，先后从 2016 年 9 月分别进行了水样的跟踪采集、化验，采样间隔为 2～3 月。化验内容包括常规阴阳离子、氢氧同位素、DIC 稳定同位素。水样采集统一均用 2.5 L 纯净水瓶，直接从煤层气井出水口采集水样，塑料瓶要用所采水样冲洗 3 次，取样时水样装满整瓶，以保证排出瓶内全部空气，再用瓶盖密封，检查是否有渗漏，最后标记取样时间和地点，并在72 h内送至中国科学院地球化学研究所环境地球化学国家重点实验室进行相关检测。

测试仪器：阴离子检测所用仪器为美国戴安公司的ICS-90型离子色谱仪，阳离子检测所用仪器为电感耦合等离子体-发射光谱仪（美国 Vista MPX），水的氢氧同位素检测所用仪器为液态同位素分析仪（912-0026），DIC稳定同位素检测所用仪器为气体同位素比质谱仪（美国 MART252）。测试程序严格按照国家规范进行。部分测试数据见表6-2和表6-3。

表6-2　松河2017年11月煤层气井产出水常规离子浓度表　单位：mg/L

井名	Cl^-	HCO_3^-	K^+	Na^+	Ca^{2+}	Mg^{2+}
GP-1	3 698.19	349.29	63.99	2 603.00	52.28	14.16
GP-2	3 096.94	567.91	56.86	2 339.97	37.39	15.29
GP-3	3 753.95	801.60	145.73	2 801.73	31.04	10.93
GP-4	3 097.74	713.65	69.91	2 347.14	22.65	6.28
GP-5	3 618.52	545.29	94.08	2 595.61	40.24	11.18
GP-6	5 093.48	374.42	135.99	3 337.24	99.40	24.72
GP-7	5 310.27	354.31	126.89	3 482.58	65.87	17.02
GP-8	5 163.88	422.16	188.12	3 439.56	95.00	21.76

表6-3　松河2017年11月煤层气井产出水氢氧同位素、DIC稳定同位素表

井名	$\delta^{13}C_{DIC}$/‰VPDB	δD/‰	$\delta^{18}O$/‰	d-excess/‰
GP-1	−0.456	−29.13	−6.57	28.817
GP-2	13.197	−27.21	−6.95	34.089
GP-3	6.788	−29.11	−7.25	34.835
GP-4	5.339	−28.21	−6.35	27.797
GP-5	0.944	−26.23	−7.48	39.744
GP-6	6.611	−27.41	−6.92	33.624
GP-7	−1.305	−30.57	−6.14	23.585
GP-8	7.776	−32.02	−7.12	30.778

同时本章中 GC-1 井各煤层煤层气气体组分测试在贵州省煤层气页岩气工程技术研究中心完成，气体组分测试仪器为气相色谱仪（GC5890A）。GP-3 井 CO_2 碳同位素所采气样送至中国科学院油气资源研究重点实验室，采用 HP6890 型气相色谱仪、Delta plus XP 型同位素比质谱仪严格按照国家标准进行测试。

选取 GP 井组 6 口煤层气井产出水进行 16S rDNA 测序分析：① 从煤层气井出水口直接采集 500 mL 水样，厌氧低温保存运至实验室；② 利用产甲烷培养基进行富集培养（温度 35 ℃），产甲烷培养基（1.0 L）包括：NH_4Cl 1.0 g，$MgCl_2 \cdot 6H_2O$ 0.1 g，$K_2HPO_4 \cdot 3H_2O$ 0.4 g，KH_2PO_4 0.2 g，胰化酪蛋白 0.1 g，酵母膏 1.0 g，乙酸钠 2.0 g，甲酸钠 2.0 g，L-半胱氨酸盐酸盐 0.5 g，$Na_2S \cdot 9H_2O$ 0.2 g，$NaHCO_3$ 2.0 g，刃天青（浓度 0.1%）1.0 mL，微量元素液 10 mL[主要包括氮三乙酸、$CaCl_2$、H_3BO_3、$FeSO_4$、CoCl、$MnSO_4$、$NaMoO_4$、$Al(SO_4)_2$、$MgSO_4 \cdot 7H_2O$、NaCl、$ZnSO_4$、$NiCl_2$、$CuSO_4$]；③ 培养 4～5 天后，将培养好的样品 30 mL 装入离心管做去氧密封处理并送检。

测序由生工生物工程（上海）股份有限公司完成。DNA 采用试剂盒（E.Z.N.ATM Mag-Bind Soil DNA Kit）提取；古菌测定采用 PCR（聚合酶链式反应）进行两轮扩增：第一轮所用引物融合了 Miseq 测序平台的 V3-V4 通用引物，包括 341F 引物 CCCTACACGA CGCTCTTCCGATCTG（barcode）CCTACGGGNGGC WGCAG 和 805R 引物 GACTGGAGTTCCTTGGCACC CGAGAATTCCAGACTACHVGGGTATCTAATCC；第二轮扩增引入 Illumina 桥式 PCR 兼容引物。PCR 结束后，对 PCR 产物进行琼脂糖电泳检测。

6.4 结果与讨论

6.4.1 井组流体地球化学动态变化特征

GP 井组产出水随排采时间的增加，其产出水地球化学特征出现规律变化。常规离子中分析了 Na^+、Cl^-、K^+、Ca^{2+}、Mg^{2+} 和 HCO_3^- 浓度随时间的变化，由于压裂过程中要加入 KCl，故在排采早期产出水中 Cl^- 浓度一般偏大，随排采时间的增加，其浓度逐渐减小，接近原始地层水 Cl^- 浓度，其变化可以间接反映压裂液的返排率。由图 6-2 可知，各井 Cl^- 浓度随时间变化出现

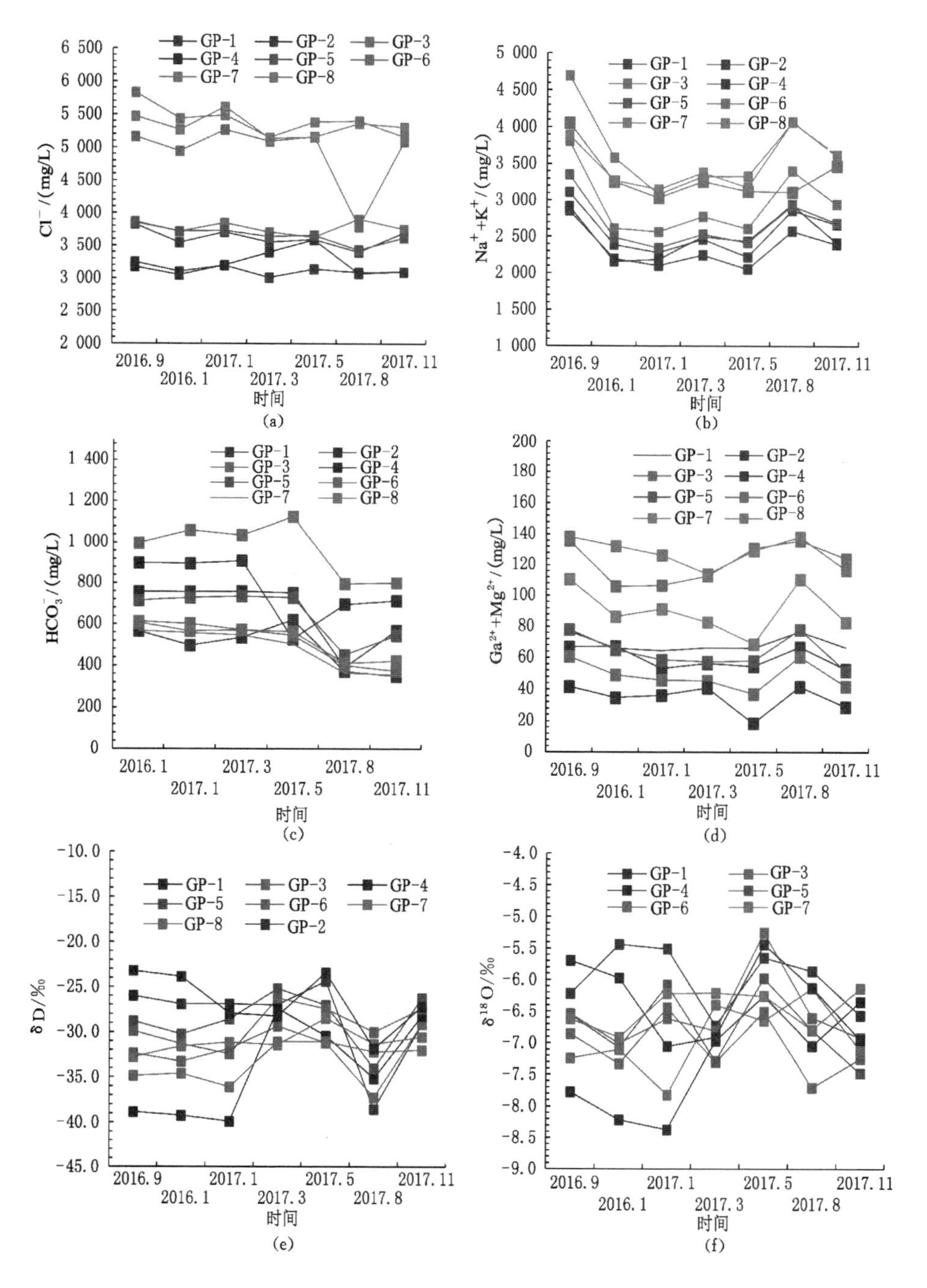

GP-1 GP-2 GP-3 GP-4 GP-5 GP-6 GP-7 GP-8
6 500
6 000
5 500
5 000
4 500
4 000
3 500
3 000
2 500
2 000
Cl⁻/(mg/L)
2016.9 2017.1 2017.5 2017.11
2016.1 2017.3 2017.8
时间
(a)
GP-1 GP-2 GP-3 GP-4 GP-5 GP-6 GP-7 GP-8
5 000
4 500
4 000
3 500
3 000
2 500
2 000
1 500
1 000
Na⁺+K⁺/(mg/L)
2016.9 2017.1 2017.5 2017.11
2016.1 2017.3 2017.8
时间
(b)
GP-1 GP-2 GP-3 GP-4 GP-5 GP-6 GP-7 GP-8
1 400
1 200
1 000
800
600
400
200
0
HCO₃⁻/(mg/L)
2016.1 2017.3 2017.8
2017.1 2017.5 2017.11
时间
(c)
GP-1 GP-2 GP-3 GP-4 GP-5 GP-6 GP-7 GP-8
200
180
160
140
120
100
80
60
40
20
0
Ga²⁺+Mg²⁺/(mg/L)
2016.9 2017.1 2017.5 2017.11
2016.1 2017.3 2017.8
时间
(d)
GP-1 GP-3 GP-4 GP-5 GP-6 GP-7 GP-8 GP-2
-10.0
-15.0
-20.0
-25.0
-30.0
-35.0
-40.0
-45.0
δD/‰
2016.9 2017.1 2017.5 2017.11
2016.1 2017.3 2017.8
时间
(e)
GP-1 GP-3 GP-4 GP-5 GP-6 GP-7
-4.0
-4.5
-5.0
-5.5
-6.0
-6.5
-7.0
-7.5
-8.0
-8.5
-9.0
δ¹⁸O/‰
2016.9 2017.1 2017.5 2017.11
2016.1 2017.3 2017.8
时间
(f)

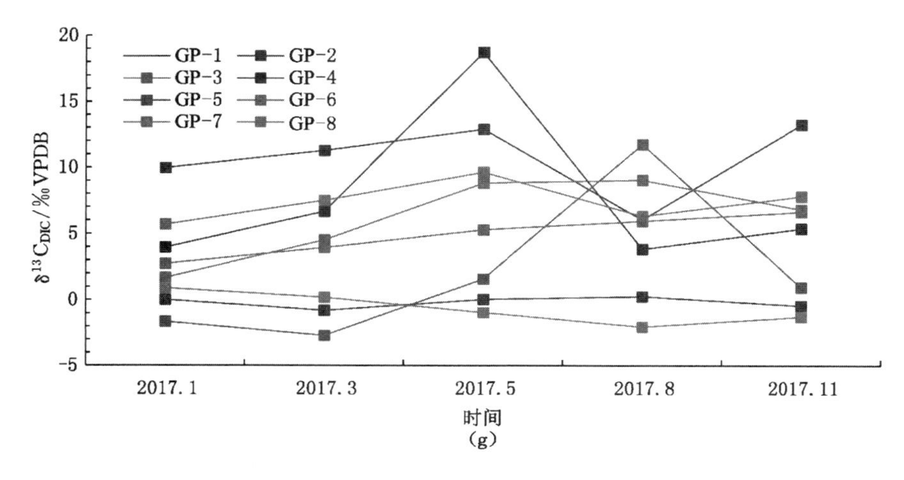

图 6-2　GP 井组产出水主要常规离子、δD、$\delta^{18}O$、$\delta^{13}C_{DIC}$随时间变化图

波动变化，采用 Mann-Kendall 法（Gocic 等，2013）对 Cl^- 浓度随时间变化趋势做检验，检验计算结果见表 6-4，Z 为正值表示增加趋势，负值表示减少趋势。Z 的绝对值在大于等于 1.28、1.64、2.32 时表示分别通过了可信度 90%、95%、99%的显著性检验。由此可见，GP-1、GP-2、GP-3、GP-5、GP-6、GP-7、GP-8 井的 Cl^- 浓度均呈下降趋势，GP8、GP5 井降低趋势明显，其余井降低趋势不明显。只有 GP-4 井呈上升趋势，但趋势不明显。

表 6-4　Cl^- 浓度随时间变化的 Mann-Kendall 检验

井名	Z	显著性/%
GP-1	−0.600 751 409	
GP-2	−1.201 502 818	
GP-3	−0.300 375 705	
GP-4	0.300 375 705	
GP-5	−2.102 629 932	95
GP-6	−0.901 127 114	
GP-7	−0.300 375 705	
GP-8	−1.501 878 523	90

HCO_3^- 浓度随时间变化主要表现为随排采时间增大而逐渐减小，这与煤层气产量逐渐减小密切相关，煤层气中含少量 CO_2，且极易溶于水形成 HCO_3^-。

$Na^+ + K^+$、$Ca^{2+} + Mg^{2+}$ 浓度随时间变化主要表现为随排采时间增大，$Na^+ + K^+$、$Ca^{2+} + Mg^{2+}$ 浓度逐渐减小并趋于稳定，但在 2017 年 8 月大部分值增大，与受季节性降水补给注入有关。在贵州，每年的 5～9 月是一年的雨季，后期值又逐渐恢复。

δD、$\delta^{18}O$ 值随时间变化波动幅度较大，在 2017 年 1 月之前，各井值差值明显，GP-4 井值最小。2017 年 3 月后，各井差值大幅度缩小，其中在 2017 年 8 月大部分值都变小，这与季节性降水补给注入有关。后期值又变大且差距缩小。各井 δD、$\delta^{18}O$ 值随时间变化特征除了受到排采时间的影响外，各井之间存在着相互影响。

溶解无机碳(DIC)稳定同位素随时间变化除了在 8 月受雨季影响值的波动幅度较大，其余表现出小幅的波动变化，其中 GP-2 井值一般较大，除了在 2017 年 5 月和 8 月外，其余 3 个月测值都是最高的。GP-1、GP-5 和 GP-7 井在部分月份出现负值，且值整体较低，其余井均为正值。

6.4.2 井组井间干扰

(1) 井组井间干扰流体显现特征

首先以单井 GP-1 和 GP-2 为例来说明井间相互干扰，两井从排采初期开始检测 Cl^- 浓度变化，Cl^- 浓度随时间变化基本表现出随排采时间增加而缓慢降低，但在 2014 年 11 月至 2015 年 4 月突然升高而后逐渐恢复正常(图 6-3)，此时间段恰好吻合于 GP-3～GP-8 井压裂施工期，其施工期为 2014 年 11 至 2015 年 1 月，GP-1 井和 GP-2 井 Cl^- 浓度的突然升高是由于井组内其他井开始压裂，裂缝已扩展到 GP-1 井和 GP-2 井的降压范围内，添加有 KCl 的压裂液二次浸入污染造成的。

同时，绘制了 2015 年 5 月、2016 年 5 月、2017 年 5 月、2017 年 11 月接近 2 年半时间的井组动液面等值线图(图 6-4)。2015 年 5 月，GP-1 井和 GP-2 井已排采 1 年多，其他井处于平衡产水阶段，此时动液面低值区为 GP-1 井附近，其他井组水向其径流是必然的，这吻合于图 6-3，与早些时候检测到 GP-1 井和 GP-2 井 Cl^- 浓度突然升高相一致。排采 1 年后，到 2016 年 5 月，情况基

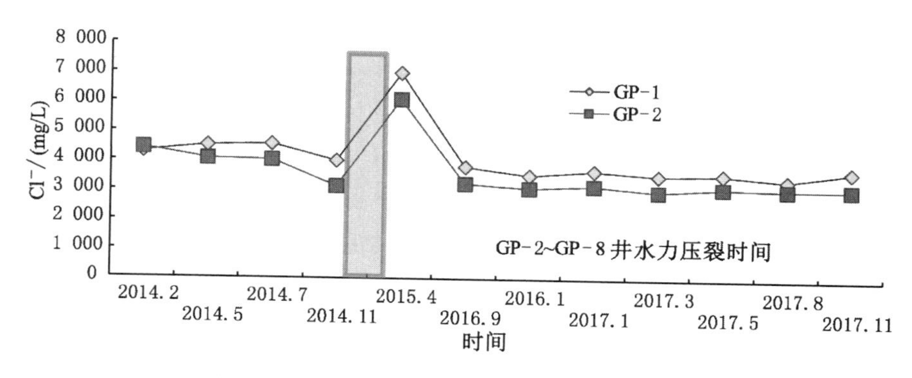

图 6-3 GP-1 井和 GP-2 井 Cl^- 浓度随时间变化图

本类似，除 GP-1 井外，其他井液面已有大幅度的降低(图 6-5)，降值最大的是埋深最大的 GP-8 井。到 2017 年 5 月，情况已发生变化，动液面低值区是 GP-7 井附近，也是埋深高值区，井组内部动液面分布趋于正常，即深部动液面低、浅部动液面高，同时深部产水量大、浅部产水量小。2017 年 11 月，动液面等值线分布情况跟 2017 年 5 月类似，说明井间干扰导致的动液面分布已趋于稳定，从早期的后压裂井(GP-3～GP-8 井)对早压裂井(GP-1 井和 GP-2 井)的干扰，逐渐转变为浅部对深部的补给。

进一步对 GP 井组氢氧同位素数据分月进行了 Q 型聚类分析，得到了聚类树状图及聚类系数(图 6-6 和图 6-7)。2016 年 9 月，GP 井组聚类结果主要为两大类，早排采一年的 GP-1 井和 GP-2 井为一类，其余井为一类，同时GP-4 井在此类内部独立为一类，因其埋深最浅且此时完成聚类的最终聚类系数较大，为 83，说明此时井组内部各井流体属性差异明显，且此种结果吻合于图 6-4 中 2016 年 5 月的液面变化情况。GP-1 井和 GP-2 井附近为汇水区，两井为一类，其余井为一类。经过 3 个多月的排采，到 2017 年 1 月，聚类结果有所变化，GP-4 井和 GP-8 井为一类，其他井为一类。其中，GP-4 井和 GP-8 井分别为井组内埋深最浅和最深的井，其他井深度居于中间，说明单井之间的流体联系已经逐渐加强，各井流体属性差异逐渐缩小，聚类系数为 78.05。

到 2017 年 5 月，聚类结果变化明显，分成两大类，GP-1 井和 GP-2 井为一类，其余井为一类，但聚类系数缩小为 32.6，各单井流体属性相似性大大增强，井间干扰愈发明显，此种情况结合图 6-8 的 2017 年 5 月动液面变化情况可知，此时的干扰已逐渐趋于正常，即深部井为汇水区，浅部井为补给径流区。

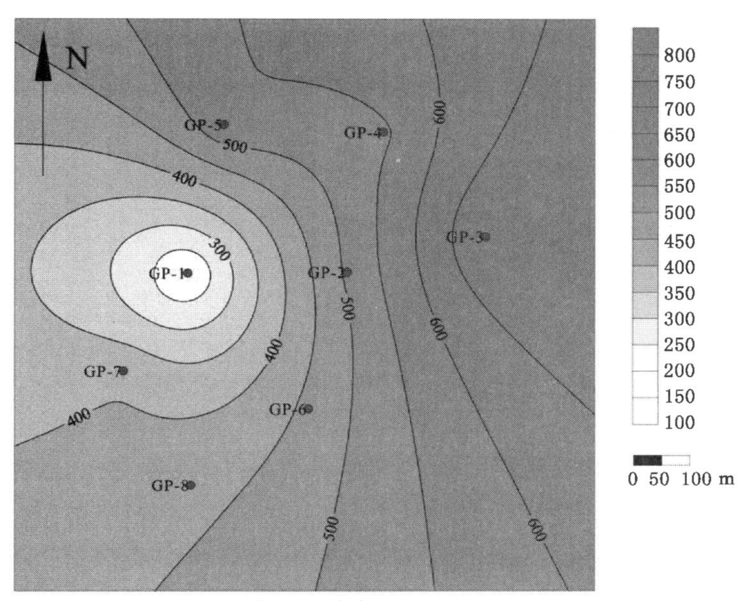

动液面相对高度/m

(a) 2015.5

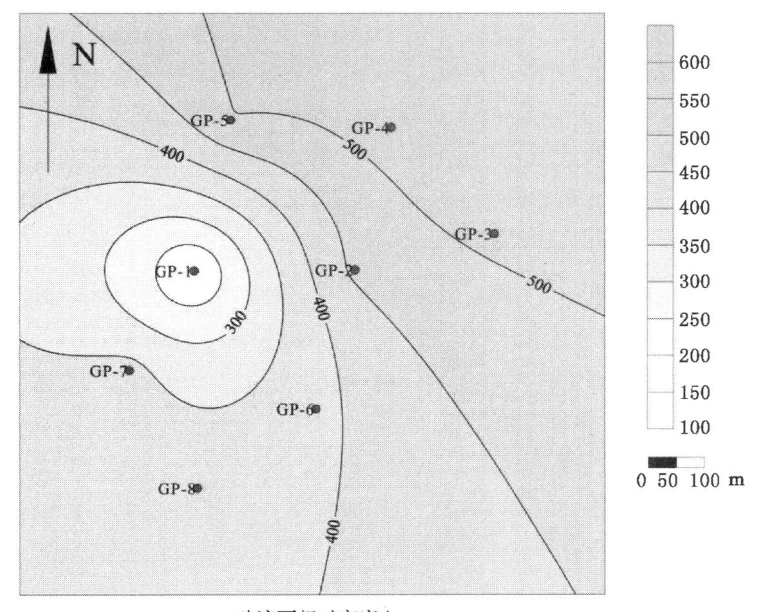

动液面相对高度/m

(b) 2016.5

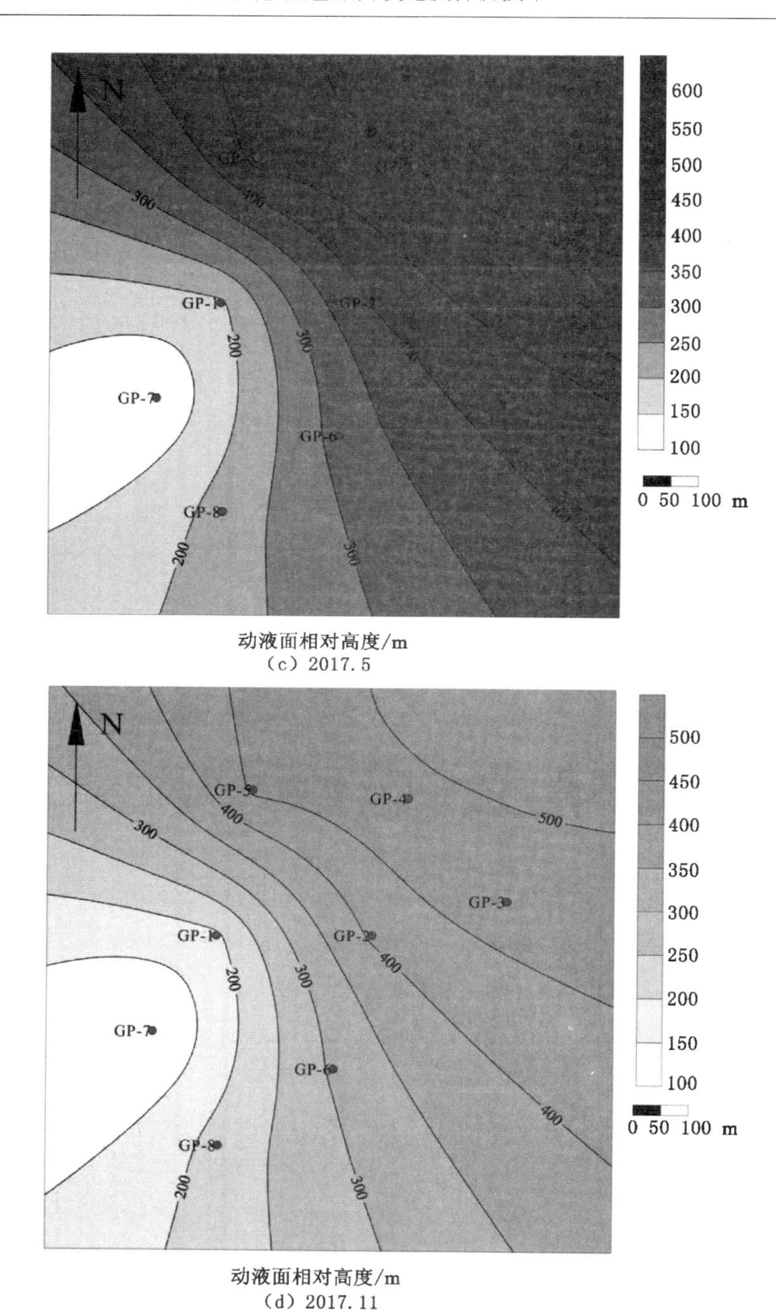

图 6-4　2015 年 5 月和 2016 年 5 月井组动液面等值线图(以 GP-8 井垂深 968.33 m 为基准)

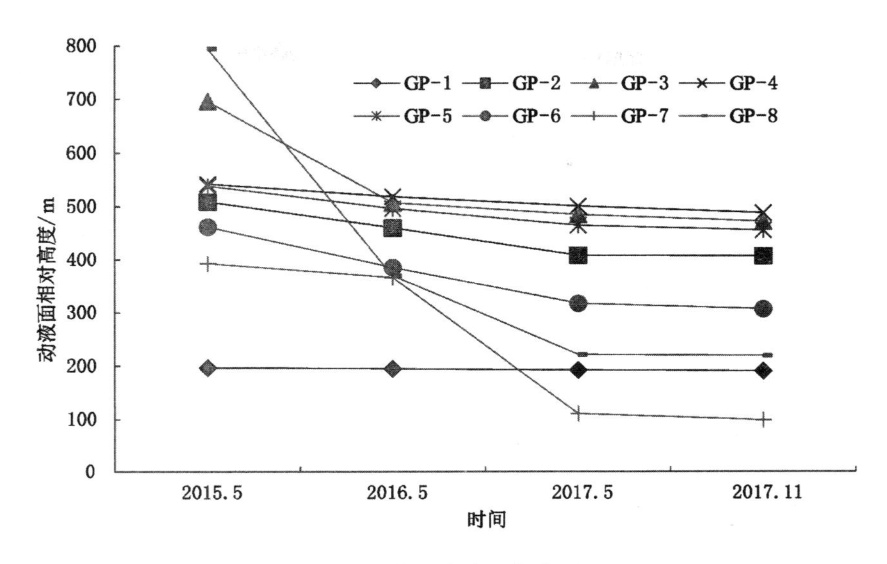

图 6-5 井组动液面变化图

到 2017 年 11 月，聚类结果分为两类，GP-7 井和 GP-8 井为一类，这两口井为井组内埋深最深的井，其余井为一类，即深部和浅部井的流体属性分异性有所表现，最初因为排采时间差异而有所独立的 GP-1 井和 GP-2 井在浅部区域已和其他井建立了联系，此时聚类系数为 13.73，为历月中聚类系数最小值，说明井组内流体属性差异性减小，井间干扰形成。此种情况完全吻合于图 6-8 的 2017 年 11 月动液面变化情况，浅部补给深部，深部井为汇水区，且产水量较大，水循环相对较快，其产出水氢氧同位素相对较轻。

从井组最终聚类系数值与时间的关系来看(图 6-7)，吻合于井组动液面的动态变化。整体随排采时间增加，聚类系数值减小，中间有所波动，表明井间流体联系在逐渐转换加强，相似性逐渐增大，井间干扰从早期的后压裂井对 GP-1 井和 GP-2 井的径流，转换为浅部井向深部井径流，正常干扰逐渐形成并趋于稳定。

在 2017 年 11 月，主要常规离子 Na^{+}、Cl^{-}、K^{+}、Ca^{2+} 和 Mg^{2+} 在平面上表现为井网深部为高值区而浅部为低值区(图 6-8)，是浅部水往深部运移的结果。而 HCO_3^{-} 则相反，HCO_3^{-} 的空间展布特征和日均产气量相似(图 6-9)，均表现为随地层埋深的变浅，含量逐渐增大。分析原因是“气水分异”导致的

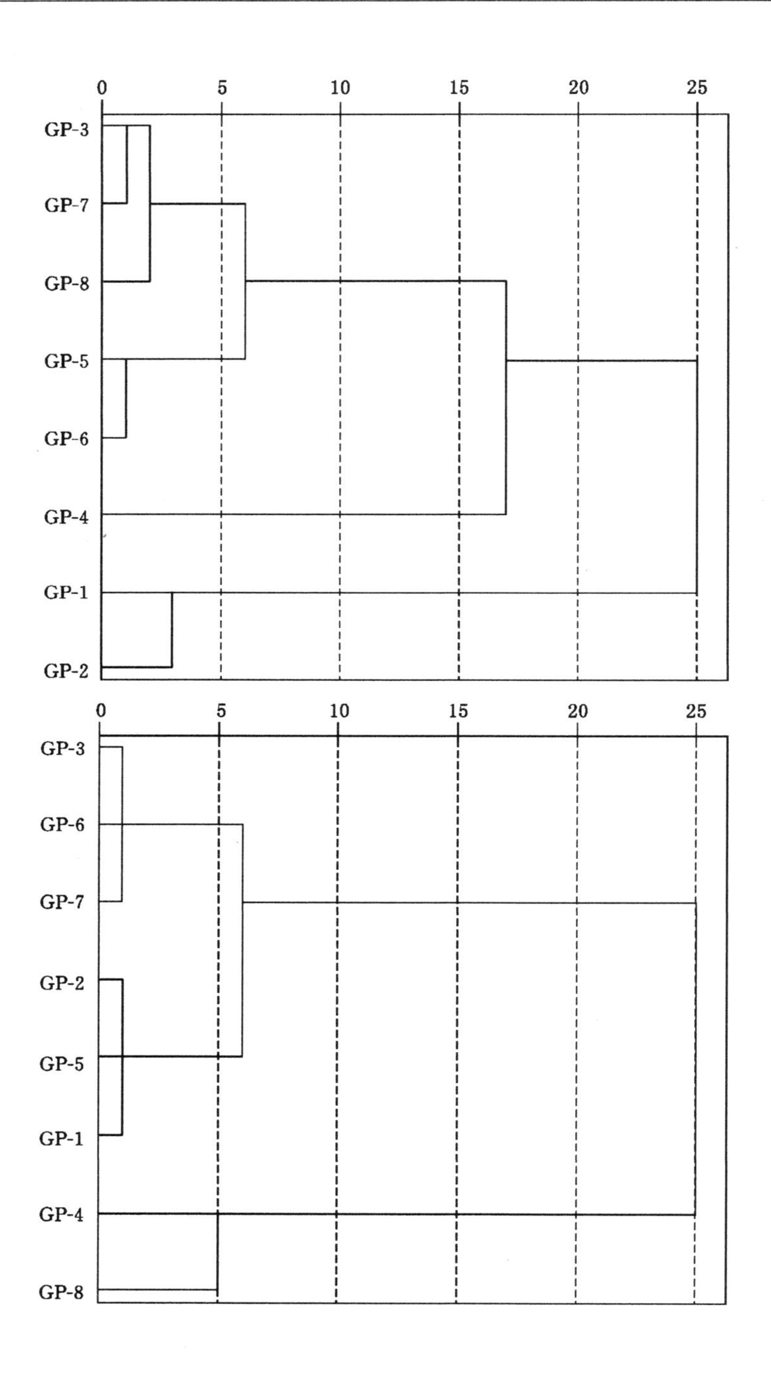
0
5
10
15
20
25
GP-3
GP-7
GP-8
GP-5
GP-6
GP-4
GP-1
GP-2
0
5
10
15
20
25
GP-3
GP-6
GP-7
GP-2
GP-5
GP-1
GP-4
GP-8

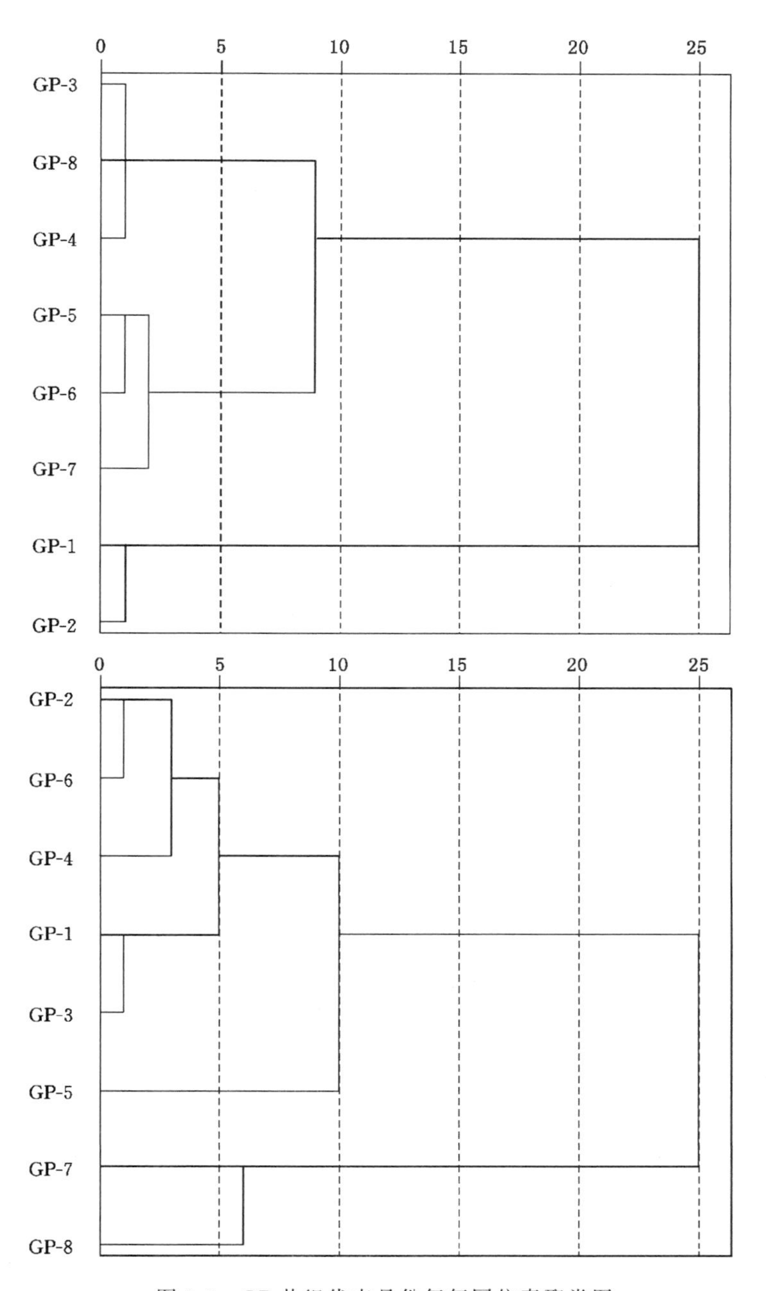

图 6-6　GP 井组代表月份氢氧同位素聚类图

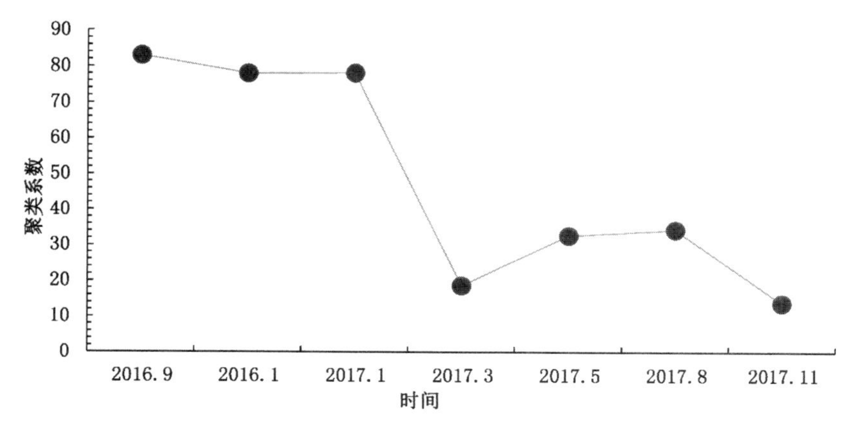

图 6-7　GP 井组氢氧同位素聚类系数随时间变化图

结果(杨兆彪等,2017),水往低处流,气往高处走,而煤层气组分中含有 CO_2,测试体积分数在 0～4.05%之间,CO_2 溶于水可生成大量 HCO_3^-,导致两者的展布特征相似。

(2) 井组气水产能地球化学响应

井组稳产后,统计了截止到 2017 年 11 月的累计产水量、累计产气量,分析了 2017 年 11 月的 Cl^- 浓度和 d-excess 值与累计产水量及累计产气量的关系。如图 6-10 所示,除 GP-1 井和 GP-2 井由于早生产一年累计产水量较多以外,其他井累计产水量与 Cl^- 浓度具有线性关系。说明累计产水量大的井其 Cl^- 浓度也大,水循环较快;而累计产水量小的井其 Cl^- 浓度也小,水循环较弱。累计产水量大的井为埋深较深的井,而累计产水量小的井为埋深较浅的井,“水往低处流”是最终井组干扰的相互结果,导致底部位井产水量大、水循环快、Cl^- 浓度大。

基于西南地区降水线方程 $\delta D=8.82\times\delta^{18}O+22.7$(朱磊等,2014),可导出 d-excess$=\delta D-8.82\times\delta^{18}O$。发现氢同位素盈余指数 d-excess 与累计产气量具有较好的正相关关系,即氢漂移指数越大,累计产气量越高(图 6-11)。而累计产气量与埋深具有较好的关系,即埋深越浅,累计产气量越大(图 6-12)。埋深是决定井组气水分布的重要因素,井组干扰形成后,基本为底部位产水大、产气小,底部位接受高部位井的地层水,水循环较快,氢同位素盈余指数 d-excess 值偏小,而高部位产水小、产气大,煤系地层水环境较为封闭,井组外部

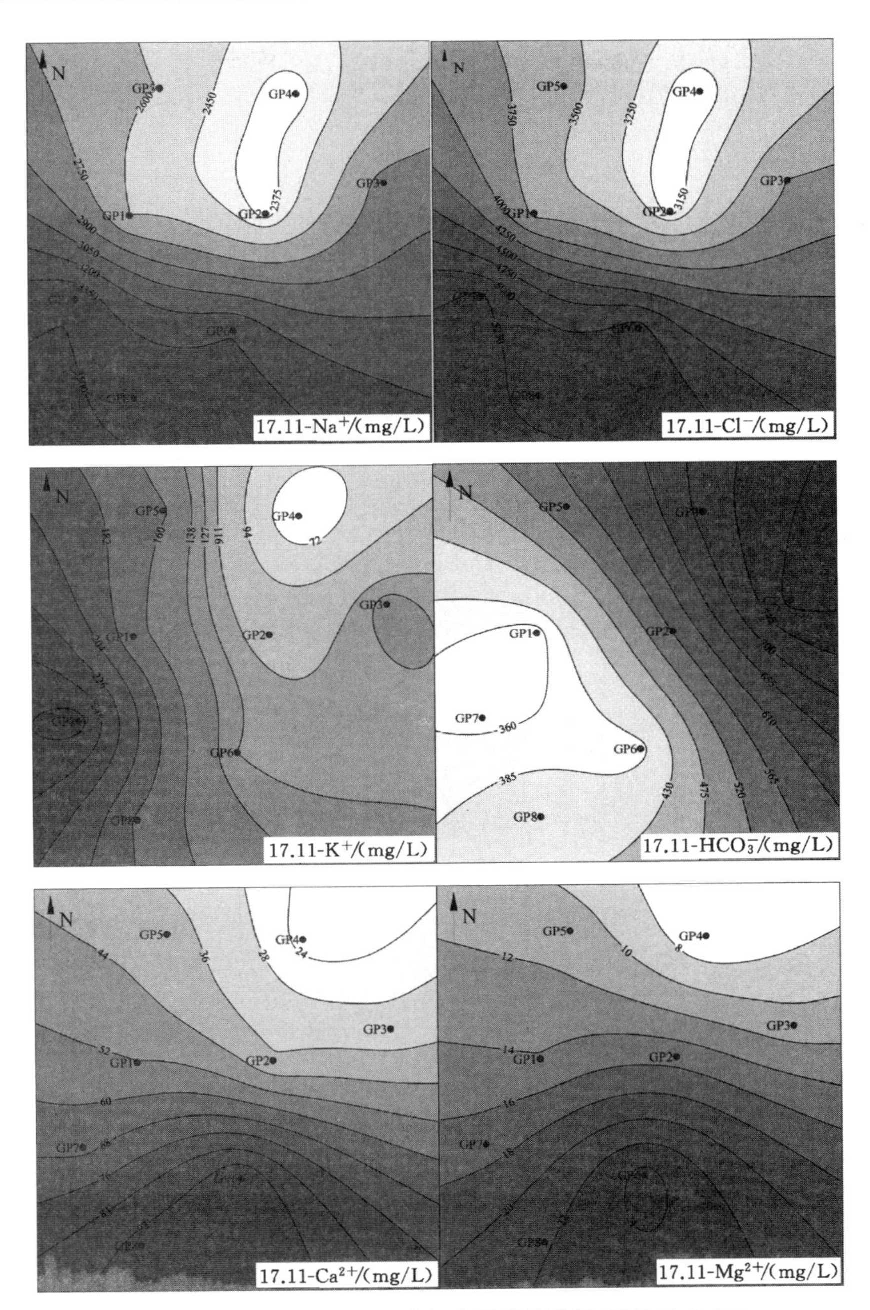

图 6-8　2017 年 11 月主要常规离子等值线图(吴丛丛,2019)

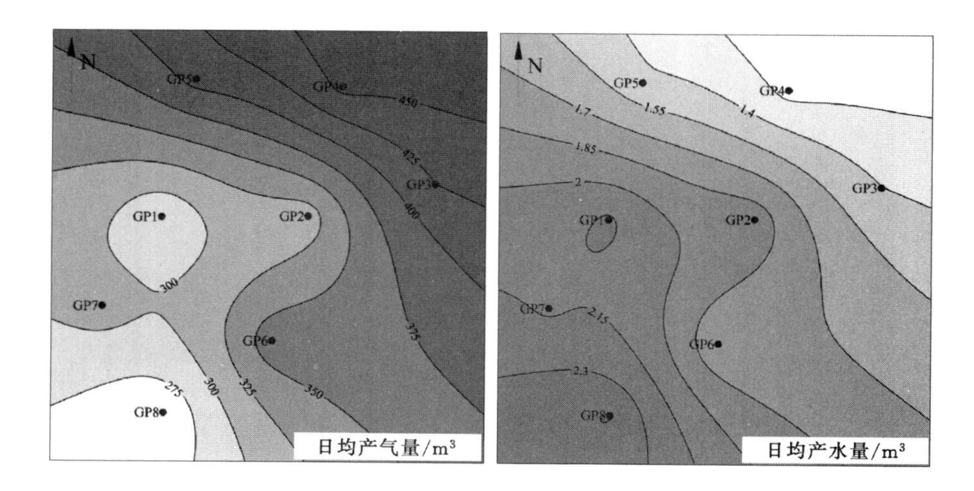

图 6-9　稳产期日均产气量和日均产水量的空间分布特征

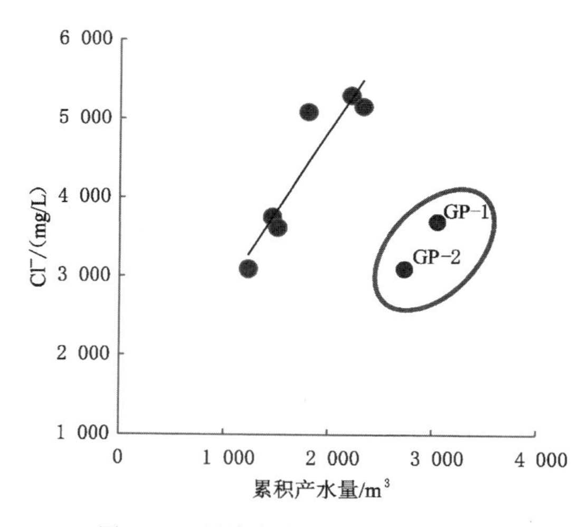

图 6-10　累计产水量与 Cl^- 浓度关系

地层水补给弱，水循环弱，导致氢同位素盈余指数 d-excess 值偏大。

（3）多煤层产能贡献水地球化学判识

研究区煤层气井为合层排采，由表 6-1 可知，单井开发层数一般在 6～11 层，跨度在 114～376 m。除 GP-2 井开发层位为中上段 16# 煤以上层位外，跨

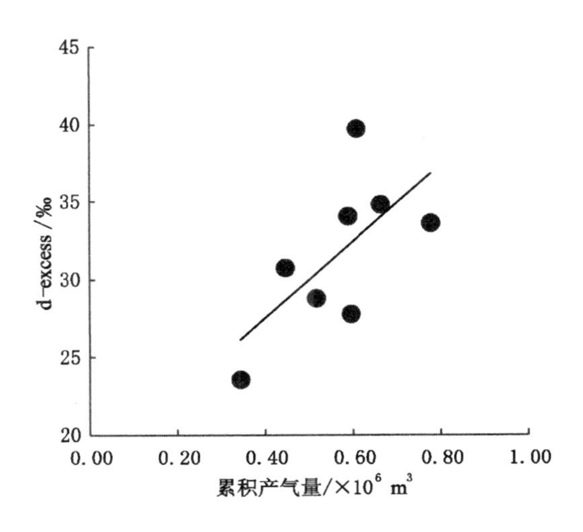

图 6-11　累计产气量与 d-excess 关系

度最小为 114 m,其他井开发层位大部分从上部层位一直到最下部层位 29# 煤,即跨越上、中、下三段,产层跨度大,大部分在 300 m 以上。开发初期产量上升较快,最高达到 2 950 m^3/d,但后期产量不稳定、不持续,产量在 500 m^3/d 左右。多层开发,排采不易控制,排采初期液面下降,上部产层容易暴露,造成储层伤害。一方面由于产层暴露造成该煤层近井地带地应力和储层压力差增大,有效应力增大,引起应力敏感,造成储层伤害;另一方面下部产层大量解吸过程中套压容易上升,从而造成下部产层解吸气体侵入上部暴露煤层发生层间干扰,使得自由水流出困难,引起储层伤害。以上原因是造成后期低产的主要原因。但层间干扰结果造成的部分产层不产气,部分产层产气难以鉴别。本书在分析大量产出水地化数据时发现产出水中溶解无机碳(DIC)碳同位素可以有效描述产层大致贡献。

二氧化碳气体极易溶于水,水溶液中一般含有溶解态 CO_2、碳酸(H_2CO_3)、重碳酸根(HCO_3^-)和碳酸根离子(CO_3^{2-})四种形态的溶解无机碳(DIC)。煤系地下水中 DIC 的主要来源包括水-气界面的大气 CO_2 交换、碳酸盐矿物的溶解、煤层气中 CO_2 的溶解等,风化带以下的深层煤系地层水 DIC 主要来源后两种。煤层气井产出水或者深部页岩气井产出水的 $\delta^{13}C_{DIC}$ 普遍表现出正异常,部分水样测试值大于 10‰。这一现象在国内外都非常普遍,

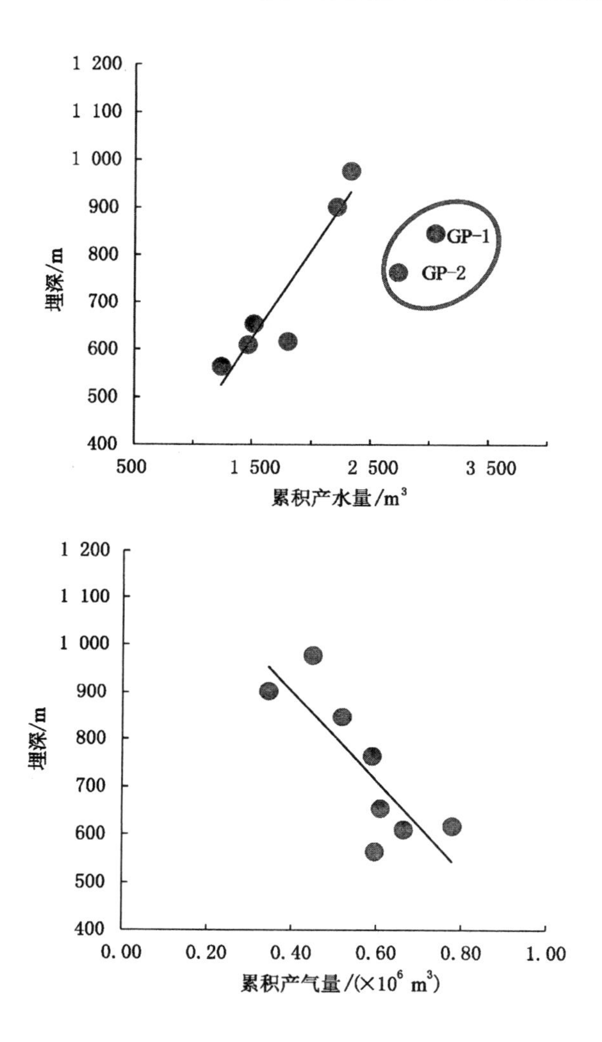

图 6-12 累计产水量与累计产气量与埋深的关系

已有研究者注意到了这一地质现象，普遍的观点认为造成这一现象的地质原因为微生物的还原作用。因此，$\delta^{13}C_{DIC}$ 大于 10‰可以用来识别甲烷的生物成因。

GP 井组各井 DIC 碳同位素值 5 次结果平均值如图 6-13 所示。GP-2 井最高为 10.66‰，在各月采集的样品测试结果也基本这样，显示其特殊性及稳定性。GP-1 井、GP-7 井 DIC 碳同位素小于 0，GP-5 井为 1.97‰，值相对较小。其余井 DIC 碳同位素在 4‰～7‰左右，显示出某种相似规律，且与埋深无关。结合前人观点，$\delta^{13}C_{DIC}$大于 10‰为受产甲烷菌的还原作用造成，GP-2 井产出煤层气受到了细菌的轻微改动，应与其开发层位为 16# 煤以上为龙潭组中上段有关。

井组内部有口参数井 GC-1 井，各层位均做了气组分分析，发现各层位 CO_2 和 $C_2H_6+C_3H_8$ 浓度分布非常有规律。在中上段 1#～18# 煤各层位 CO_2 浓度普遍较高，其中中段 12#～18# 煤浓度相对更高，最高达到 4%，而下段 24# 煤层位以下 CO_2 浓度极低，这种分布具有明显的两段性，以 18# 煤为界（图 6-13）。同时，相应的 $C_2H_6+C_3H_8$ 浓度大致也表现出两段式（图 6-14），中上段 18# 煤以上浓度普遍较低，大部分在 20% 以下，其中中段 12#～18# 煤浓度则相对更低，普遍低于 5%。而下段 24# 煤以下浓度普遍较高，在 20% 以上，其中最高的达到了 40% 以上。

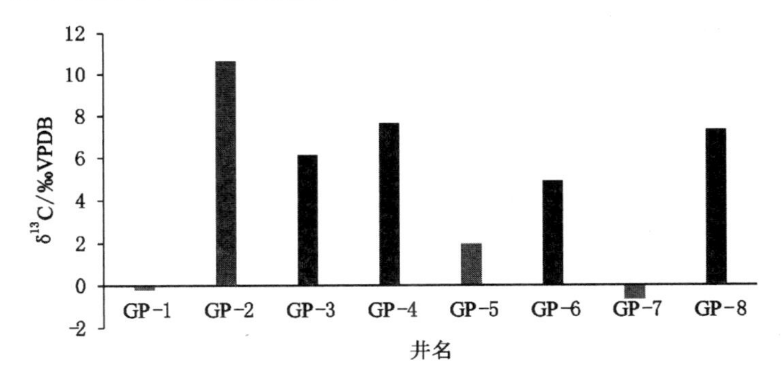

图 6-13　GP 井组产出水平均 DIC 值

龙潭组中段为三角洲沉积相，细砂岩较为发育，而龙潭组上段和下段分别为潟湖潮坪相、粉砂岩，泥质粉砂岩较为发育。沉积相及岩性组合的差异，导致龙潭组中段整体渗透性较好，富水性相对较强。同时龙潭组上段由于埋深较浅，渗透性也相对较好，富水性也相对较强。龙潭组中上段，尤其是龙潭组中段有较好的富水性和渗透性，且煤层 $R_{o,max}$ 在 1.3%～1.7%之间，地层为超压（Yang 等，2018），地温在 40 ℃左右，具备细菌的生存条件，细菌与煤层有机质及重烃组分发生还原作用，生成了 CO_2 和 CH_4（Scott 等，1994），这是造成龙潭组中上段 CO_2 浓度高和 $C_2H_6+C_3H_8$ 浓度相对较低，且整个煤系地层 CO_2 和 $C_2H_6+C_3H_8$ 具有相互消长关系的重要地质原因。同时后期测试了

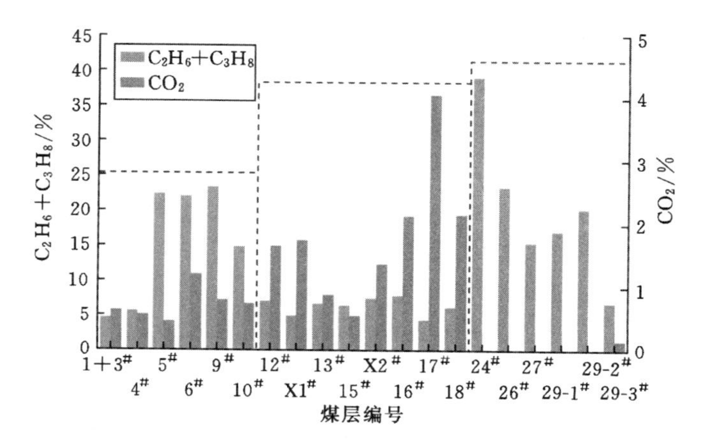

图 6-14　GP 井组内 GC 试井各煤层 CO_2 及 $C_2H_6+C_3H_8$ 浓度

GP-3 井产出气中 CO_2 碳同位素值，测试结果为 10.7‰，为生物成因二氧化碳，更加证明了本区存在微生物的还原作用。

此时结合 GP-2 井 DIC 碳同位素值一直较高且稳定、平均值最高的现状，不难理解是与其开发层位为 16# 煤以上密切相关，进一步证明了微生物还原作用形成的 CO_2 溶于水是造成 DIC 碳同位素值偏高的主要原因。因此，基于研究区煤系地层中上段存在微生物还原作用，借助 DIC 碳同位素的相对大小，以 GP-2 井为刻度井，结合截止到 2017 年 11 月动液面的位置，可以大致判断稳产期各产层产能贡献。其基本原则为：第一，DIC 值为正且较大的，基本中上段产层产能贡献大；DIC 值为负且较小的，则主要是下段产层产能贡献大。同时，井组同一时段内多组 $\delta^{13}C_{DIC}$ 数据进行 Q 型聚类，以 GP-2 井为刻度井，与 GP-2 井聚类距离远的为下段产层在产气，聚类距离近的为中上段产层在产气。第二，在动液面以上的煤层由于过早暴露，储层受到伤害，产层产能贡献一般较小（Yang 等，2018；周效志等，2016）。

基于以上判断（见图 6-15 和表 6-5）可知，GP-1、GP-5、GP-7 井为一大类，$\delta^{13}C_{DIC}$ 值小，与 GP-2 井聚类距离最远，GP-1、GP-5、GP-7 井主要贡献产层为 18# 煤以下产层，其中 GP-1 井主要贡献产层为 29#，GP-5 井目前主要贡献产层为 15#、29#，且 29# 贡献更大，GP-7 井目前主要贡献产层为 27#、29#。由此可见，由于多层开发，跨度太大，造成上部煤层过早暴露并受到储层伤害，其产气潜力大大降低或者不产气，GP-1 井和 GP-7 井产出水 $\delta^{13}C_{DIC}$ 特征间接证明了这点。

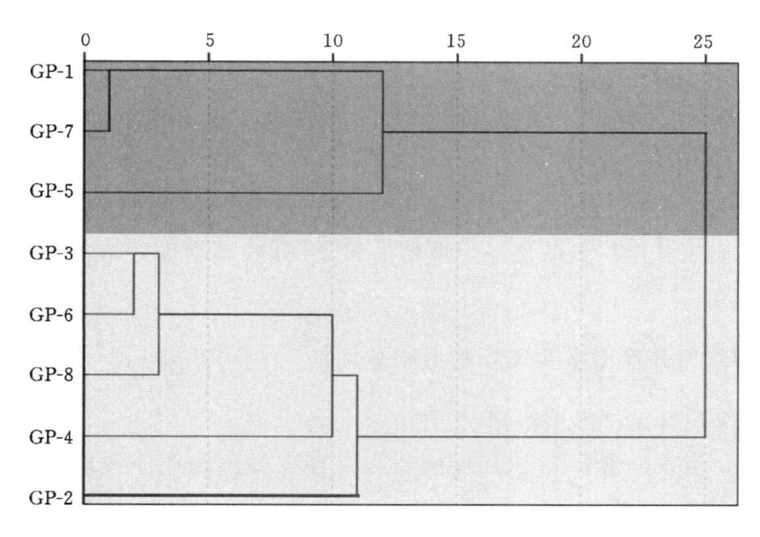

图 6-15 2017 年 GP 井组溶解无机碳聚类结果

表 6-5 各井开发层位、液面位置及主要贡献产层表示

煤层段	煤层编号	开发产层及动液面位置							
		GP-1	GP-2	GP-3	GP-4	GP-5	GP-6	GP-7	GP-8
P_3l^3	1+3#		开发产层			开发产层	开发产层	开发产层	开发产层
	4#					开发产层	开发产层	开发产层	开发产层
	5#		开发产层			开发产层	开发产层	开发产层	开发产层
	6#	开发产层		开发产层	开发产层	开发产层	开发产层		
	9#	开发产层	开发产层	开发产层	开发产层	开发产层	开发产层		
	10#		开发产层						
P_3l^2	11#		开发产层						
	12#	开发产层	动液面	开发产层				开发产层	动液面
	13#	开发产层	开发产层、产气层	动液面	开发产层	动液面	动液面		开发产层、产气层
	15#	开发产层	开发产层、产气层	开发产层、产气层	开发产层	开发产层、产气层	开发产层、产气层	开发产层	开发产层、产气层
	16#	开发产层	开发产层、产气层		开发产层、产气层		开发产层、产气层		
P_3l^1	26#						开发产层、产气层	动液面	开发产层、产气层
	27#	动液面					开发产层、产气层	开发产层、产气层	开发产层、产气层
	29#	开发产层、产气层		开发产层、产气层	开发产层、产气层	开发产层、产气层	开发产层、产气层	开发产层、产气层	开发产层、产气层

注：（深色填充）开发产层 （横线）动液面 （箭头符号）产气层

进一步分析，GP-3、GP-4、GP-6、GP-8 井与 GP-2 井为一大类，$\delta^{13}C_{DIC}$值也较大，说明 GP-3、GP-4、GP-6、GP-8 井 18# 煤以上产层也在参与产气。GP-2 井目前主要贡献产层为 13#、15#、16#；GP-3 井目前主要贡献产层为 15#、29#；GP-4 井目前主要贡献产层为 16#、29#；GP-6 井目前主要贡献产层为 15#、16#、26#、27#、29#；GP-8 井目前主要贡献产层为 13#、15#、26#、27#、29#。多层合采确定各产层贡献是一个重要的科学问题，其准确定量仍需做进一步的研究工作。

6.4.3 煤层气井产出水 $\delta^{13}C_{DIC}$的地质意义

（1）多层合采产出水源判识

$\delta^{13}C_{DIC}$值正异常且大于 10‰被认为是存在微生物还原作用和有次生生物气的重要指标（Jennifer 等，2008；Sharma 等；2008；Mclaugchlin 等，2011；Suzanne 等，2013；Li 等，2019；Quillinan 等，2014）。这是由于在微生物作用下，可通过醋酸发酵[式(6-1)]和二氧化碳还原[式(6-2)]两种方式产生甲烷（Scott 等，1994），产甲烷菌优先吸收轻碳（^{12}C），^{13}C 逐渐变得富集；若 $\delta^{13}C_{DIC}$值为中等负值（－7‰～0），则主要与煤层气中 CO_2、碳酸盐矿物溶解过程有关；若 $\delta^{13}C_{DIC}$值极低（－14‰～－7‰），则表明与氧化作用有关（Lemay 等，2006），往往为地表水氧化。若 $\delta^{13}C_{DIC}$值为中等正值（0～10‰），推测主要受煤系碳酸盐矿物溶解影响，并开始受到了轻微的微生物还原作用影响（杨兆彪等，2020）。

$$CH_3COOH = CH_4 + CO_2 \tag{6-1}$$

$$CO_2 + 4H_2 = CH_4 + 2H_2O \tag{6-2}$$

前面对松河 GP 井组 2017 年 1 月到 2017 年 11 月煤层气井产出水的 $\delta^{13}C_{DIC}$值动态特征及各井差异的地质原因进行了分析，论证了 GP-2 井产出水 $\delta^{13}C_{DIC}$值高，其主要原因是开发层位为龙潭组中段。

2017 年 11 月后继续跟踪测试，对 2017 年 1 月至 2018 年 7 月的 9 批次 $\delta^{13}C_{DIC}$数据进行动态变化特征分析（图 6-16），可以看出随排采时间增加，大部分井 $\delta^{13}C_{DIC}$值整体缓慢增大，这主要是龙潭组中段产层产水量占比逐渐增大所致。2017 年 1 月仅 GP-2 井的 $\delta^{13}C_{DIC}$值达到 10‰以上，2018 年 7 月 GP-2 井、GP-3 井、GP-4 井和 GP-5 井均达到 10‰以上。采用 Mann-Kendall 法对 $\delta^{13}C_{DIC}$值随时间变化的趋势做检验（见表 6-6），Z 为正值表示增加趋势，Z 为负值表示减少趋势。Z 的绝对值大于等于 1.28、1.64、2.32 分别表示通过了可信度为 90%、95%、99% 的显著性检验。检验结果表明，GP-2 井、GP-3 井、GP-4 井、GP-5 井、GP-6 井、GP-8 井的 $\delta^{13}C_{DIC}$ 值呈上升趋势，GP-3 井、GP-5 井、GP-6 井和 GP-8 井上升趋势十分明显，GP-2 井、GP-4 井上升趋势不明显。GP-1 井、GP-7 井的 $\delta^{13}C_{DIC}$ 值呈下降趋势，GP-1 井下降趋势较明显，GP-7 井下降趋势不明显。

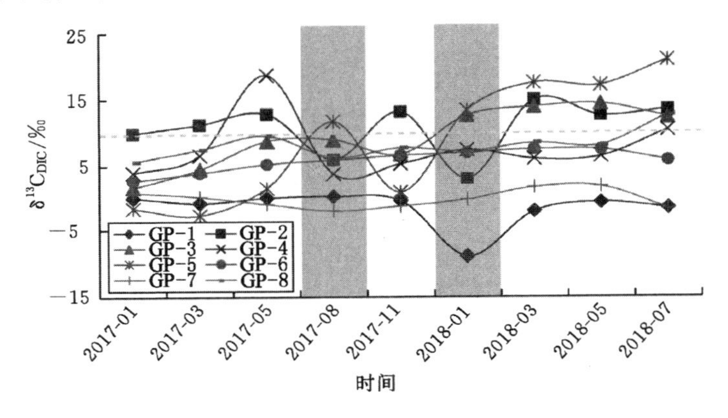

图 6-16　煤层气井产出水 $\delta^{13}C_{DIC}$ 值随时间变化曲线

表 6-6　$\delta^{13}C_{DIC}$ 值 Mann-Kendall 检验变化趋势

井名	Z	显著性/%	井名	Z	显著性/%
GP-1	−1.355	90	GP-5	2.815	99
GP-2	1.146		GP-6	2.190	95
GP-3	2.398	99	GP-7	−0.104	
GP-4	0.730		GP-8	1.564	90

另从曲线变化可以看到，2017 年 8 月和 2018 年 1 月部分井 $\delta^{13}C_{DIC}$ 值具有两次较为明显的异常波动降低，2017 年 8 月的波动推测跟研究区雨季降水有关，贵州每年 5 月到 9 月为雨季，大气降水补给会造成部分井 $\delta^{13}C_{DIC}$ 值减小。2018 年 1 月，GP-1 井和 GP-2 井 $\delta^{13}C_{DIC}$ 值降低则是由于工程原因，GP-1 井重新对 1+3# 煤层进行了压裂改造，后期改为 1+3# 煤层单层排采，而 GP-2 井为配合压裂进行了停机。受此影响，1 月两井产气量为 0，$\delta^{13}C_{DIC}$ 值大幅减小，随后于 2018 年 3 月恢复到较为正常的水平。研究显示，受氧化作用，地表

水具有极低的 $\delta^{13}C_{DIC}$ 值，压裂液多用河水配制，松河井组邻近河流水样，$\delta^{13}C_{DIC}$ 值为 −13.1‰，进一步证实了大气降水和初期压裂液浸入是 $\delta^{13}C_{DIC}$ 值减小的主要原因。

进一步对 2017 年 1 月到 2018 年 7 月跟踪测试共获取的 9 组数据，取平均值作柱状图（图 6-17），与 2017 年 1 月到 2017 年 11 月平均值相比发现：① GP-2 井 $\delta^{13}C_{DIC}$ 平均值依然最大；② GP-1 井和 GP-5 井 $\delta^{13}C_{DIC}$ 平均值变化较大，GP-1 井平均值更小，GP-5 井平均值变大。分析原因，2018 年 1 月 GP-1 井对 1+3# 煤层进行了第二次压裂，改为单层排采 1+3# 煤层，该次施工压裂液返排时间较短且为单层排采，部分压裂液的滞留降低了 GP-1 井产出水的 $\delta^{13}C_{DIC}$ 平均值；GP-5 井紧邻 GP-1 井且在上倾方向，极易受到间接的“强化改造”。从 GP-5 井排采曲线（图 6-18）可以看到：① 2018 年 1 月 GP-5 井动液面明显上升，从前期的约 110 m 上升到 200 m 以上，2018 年前动液面在 16# 煤层上方，受 GP-1 井二次压裂的影响，液面升高到 1+3# 煤层附近；② 2018 年日产水量增大，日产气量降低，2017 年 11 月日产气量为 351 m^3，2018 年 1 月降低到 96 m^3，$\delta^{13}C_{DIC}$ 值在 2018 年 1 月相应大幅增加。分析原因，2018 年 1 月后液面增高导致 29# 煤层停止产气，产层主要集中在中上部，$\delta^{13}C_{DIC}$ 相应大幅增加。

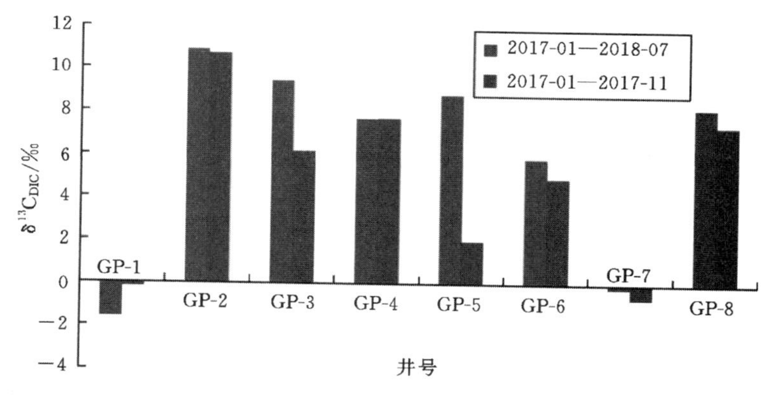

图 6-17　GP 井组单井 $\delta^{13}C_{DIC}$ 平均值柱状图

埋藏深度对 $\delta^{13}C_{DIC}$ 值也有较大影响（图 6-19），GP-3 井和 GP-4 井、GP-6 井和 GP-8 井开发层位基本类似，动液面约束下产气层位也基本类似，可以看到两组井具有类似的规律，埋深越大，$\delta^{13}C_{DIC}$ 值越大，这与浅部煤层气井更容易接受大气降水补给，从而降低 $\delta^{13}C_{DIC}$ 值相关。美国 Atlantic Rim 石炭系煤层气井产出水也具有类似的规律，深部煤层气井产出水 $\delta^{13}C_{DIC}$ 值比浅部高。

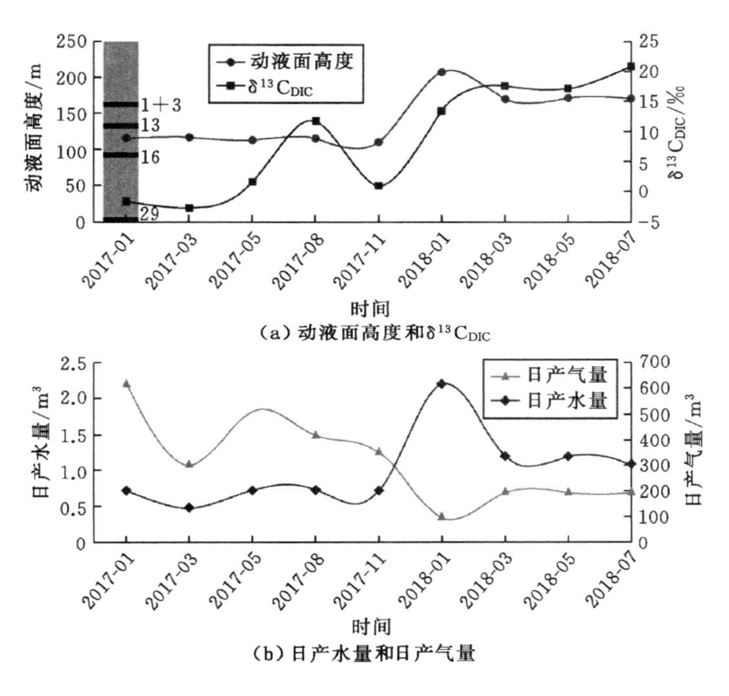

图 6-18　GP-5 井排采曲线

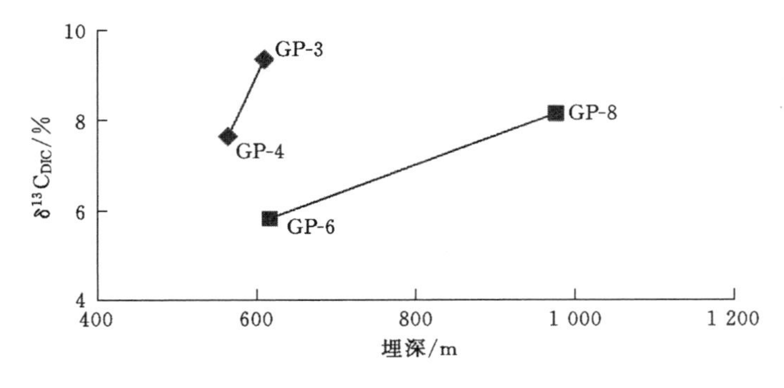

图 6-19　埋深与 $\delta^{13}C_{DIC}$ 关系

(2) 微生物联动响应

近几年,一种分子生物学技术——高通量测序技术开始被广泛应用,避开了传统微生物培养的缺点,一次可进行几十到几百万条DNA分子测序,不仅从遗传水平上提供了微生物的具体信息,也可通过各DNA序列被测定的reads数(指的是测序仪单次测序所得到的碱基序列)的比例来表征一个群落中微生物的组成。该测序技术已普遍应用于不同国家和地区的煤矿或者含煤盆地微生物结构的研究(Park等,2016),不同的细菌和古菌相继被发现。

Shimizu等(2007)发现日本北海道煤层气田产出水中存在氢营养型产甲烷菌(Methanoculleus)和甲基营养型产甲烷菌(Methanolobus),同时也检测出产甲烷菌的互养细菌。Li等(2008)从澳大利亚东部Surat盆地、Sydney盆地和Port Phillip盆地等三个煤层气田采集产出水及煤样,结果显示细菌以变形菌门和厚壁菌门为主,古菌产甲基烷菌没有被检测到。Klein等(2008)对美国Powder River盆地煤层水检查后发现,水中含有Methanocaldococcus、Methanobacterium和Methanomicrobium等产甲烷菌。Midgley等(2010)在澳大利亚Gippsland盆地煤层气田的产出水中检测到细菌和古菌的存在,细菌同样以变形菌门和厚壁菌门为主,古菌只检测到Methaobacterium。Strapoc等(2008)对美国Illinois盆地东部煤层气田的产出水进行了系统的分子生物学和地球化学研究后得出,该地区的生物成因气主要是氢营养型,产甲烷菌主要是Methanocorpusculu。Zhang等(2015)在分析美国Illinois盆地南部煤层气井产出水时发现水中微生物主要是氢营养型的Methanobacteriales。

Guo等(2017)对鄂尔多斯盆地东缘柳林区块煤层气井产出水进行了微生物群落分析,结果显示产出水中存在产甲烷菌,Methanolobus为优势属。杨秀清等(2017)对我国山西寺河矿煤层气井产出水样进行研究,发现该地区主要有Methanobacterium、Methanomicrobium和Methanolobus等产甲烷菌。刘亚飞等(2019)研究了中国安徽芦岭煤田微生物群落组成,发现煤层气井产出水中含有乙酸营养型、氢营养型和甲基营养型的产甲烷菌,微生物群落具有多样性。

为了充分验证$\delta^{13}C_{DIC}$的微生物成因,笔者于2019年1月首次完成了GP井组GP-1井、GP-2井、GP-3井、GP-5井、GP-7井和GP-8井产出水的微生物16S rDNA扩增测序。结果显示:6口井产出水中存在大量产甲烷菌,包括Methanobacteria、Methanomicrobia和Methanococci等多种类型,以Methanobacteria 和 Methanomicrobia 为主，分别占 60.58%和 37.29%。共包含 15 种以上的甲烷菌属，其中 Methanobacterium 为优势属，其次为 Methanothrix（图 6-20）。Methanobacterium 是主要的氢营养型产甲烷菌，能将 H_2、CO_2 代谢生成 CH_4，完成式(6-1)的反应过程。Methanothrix 是乙酸型产甲烷菌，它无须利用氢气和二氧化碳，而是通过厌氧代谢生成甲烷和二氧化碳，主要完成式(6-2)的反应过程。

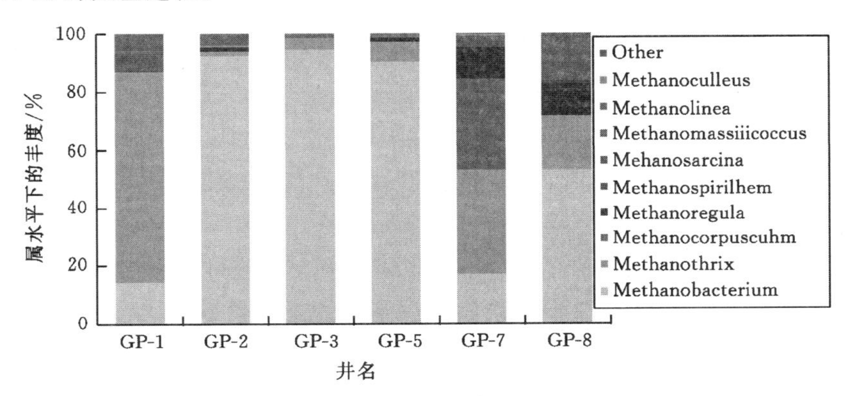

图 6-20　GP 井组典型井古菌群落在属水平下的丰度

除此之外，氢营养型的 Methanocorpusculum、Methanoregula、Methanospirillum 和 Methanoculleus，甲基营养型的 Methanomassiliicoccus 和 Methanolobus，混合型(氢和乙酸营养型)的 Methanosarcina 等菌属在产出水样中均被检测到。虽然这些产甲烷菌所占比例较小，但说明了研究区井组存在氢营养型、乙酸营养型、甲基营养型等三种产甲烷菌，产甲烷途径多样，其中氢营养型 Methanobacterium 为主要菌属。这与生物气大部分是由 CO_2 还原的氢营养型产甲烷菌生成结论一致。以 Methanobacterium 菌属水平下的序列数量与 $\delta^{13}C_{DIC}$ 做相关性分析（图 6-21），可以看出两者相关性较好（相关系数平方为 0.885 4），说明产甲烷菌[尤其是发生式(6-2)反应的氢营养型产甲烷菌]的还原作用过程中，CO_2 代谢生成 CH_4 优先吸收 ^{12}C，是造成 ^{13}C 富集的主要原因，同时也说明重烃分解形成甲烷可能主要是在氢营养型产甲烷菌参与下完成的。

按照图 6-20 所示的菌属丰度分布，6 口井明显分为两大类：GP-1 井和 GP-7 井为一类，其余井大致为一类，这与前述 9 批次跟踪测试所获 $\delta^{13}C_{DIC}$ 平

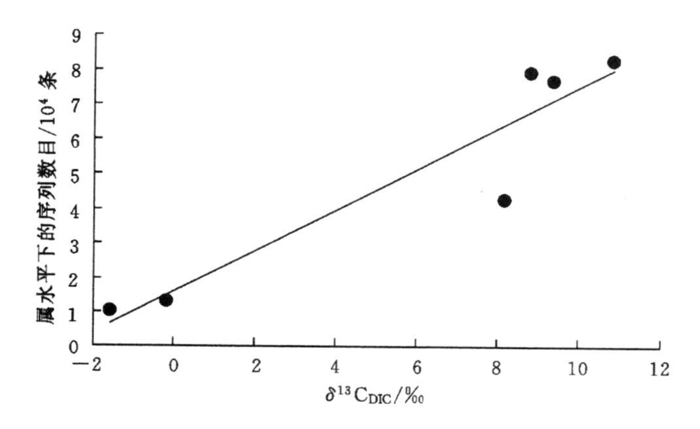

图 6-21　产出水 $\delta^{13}C_{DIC}$与 Methanobacterium 序列数目的相关性

均值的差异性基本一致，该现象进一步说明溶解无机碳与产甲烷菌密切相关，且多煤层产气层段因岩性、物性差异形成不同的流体系统，其菌属也不相同，因此多煤层煤层气井产出水微生物学特征值得做进一步的探索和研究。

（3）地质响应模式

基于以上分析与 $\delta^{13}C_{DIC}$值对碳源及其微生物的有效指示，建立如图 6-22 所示的中煤阶多煤层合层排采煤层气井产出水 $\delta^{13}C_{DIC}$地质响应模式。

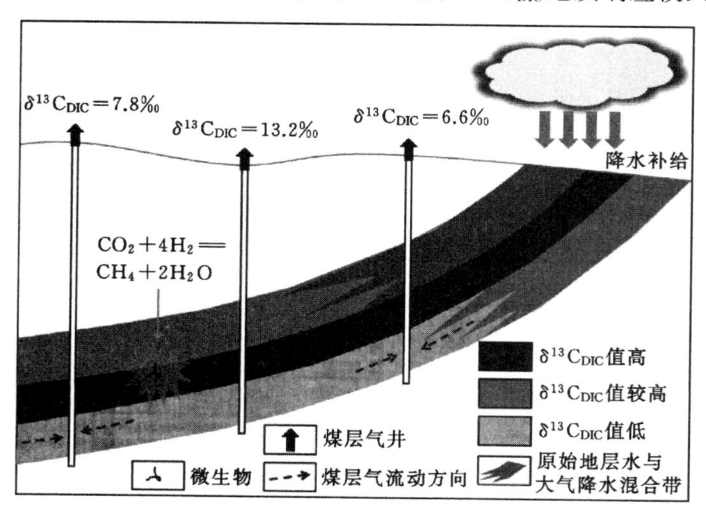

图 6-22　多层合采煤层气井产出水 $\delta^{13}C_{DIC}$地质响应模式（杨兆彪等，2020）

$\delta^{13}C_{DIC}$值正异常主要是由于产甲烷菌的还原作用造成(主要为氢营养型产甲烷菌的还原作用),多煤层煤系沉积相及岩性的分段性形成了不同的叠置流体系统,相应的产出水$\delta^{13}C_{DIC}$值和古菌群落不同。在煤系整体为超压且煤阶为中煤阶煤的地质背景下,渗透性和富水性较好的中段(中部流体系统)产出水$\delta^{13}C_{DIC}$值正异常显著,其次是上段(上部流体系统)产出水$\delta^{13}C_{DIC}$值正异常,且古菌主要为Methanobacterium;渗透性和富水性较弱的下部层段(下部流体系统)产出水$\delta^{13}C_{DIC}$值较小,微生物作用较弱;在接近煤层露头的较浅部位,容易受到大气降水的补给,产出水$\delta^{13}C_{DIC}$值较小。该模式以多煤层沉积背景为物质和物性基础,产甲烷菌参与,考虑大气降水混入,揭示了多层合采煤层气井产出水$\delta^{13}C_{DIC}$值差异的地质机理和微生物作用机理,客观上为沉积相控制的叠置流体系统提供了有效的地球化学证据,也可用于多层合采煤层气井产层气水贡献分析。

6.5　小结

多煤层煤层气井组产出水地球化学响应具有丰富的地质意义。以贵州松河井组8口井为例,基于稳产期1年4个月的产出水常规离子、氢氧同位素、溶解无机碳(DIC)稳定同位素为分析对象,采用聚类分析及地质分析的手段,探讨了多煤层煤层气井组形成井间干扰时和层间干扰时的地球化学响应特征及其产能意义,得出以下结论:

(1) 形成井间干扰过程中,动液面变化与产出水氢氧同位素Q型聚类具有较好的关联性,随井间干扰的形成,井组产出水氢氧同位素聚类系数逐渐减小,井间流体属性相似性增强。井组间干扰除受排采时间影响外,煤层深度是主要的地质控制因素,埋深较深的,接受浅部的径流补给,累计产水量大,水循环快,产出水Cl^-浓度大,氢盈余指数d-excess值较小,累计产气量较小;埋深较浅的则相反,累计产水量小,水循环弱,产出水Cl^-浓度小,氢盈余指数d-excess值较大,累计产气量大。氢盈余指数d-excess与煤层气累计气量、产出水Cl^-浓度与煤层气累计产水量均具有较好的正相关关系。

(2) 多煤层煤层气合层开发,跨度大、层数多,容易发生层间干扰,导致产能贡献不均衡,且难以识别。基于部分井产出水溶解无机碳稳定同位素($\delta^{13}C_{DIC}$)值偏大的特征,结合该井产层主要为中上段产层,而研究区煤系地层中上段煤层渗透性较好，富水性较强，CO_2 浓度相对较高，重烃气浓度相对较低，两者具有消长关系，结合其他地质条件判断出微生物还原作用形成的 CO_2 相对较多是导致该井 $\delta^{13}C_{DIC}$值正异常的主要原因。为此以该井为刻度井，结合井组产出水 $\delta^{13}C_{DIC}$的 Q 型聚类结果和井组开发层位分布及稳产期动液面变化，完成了各井多煤层产层贡献的大致判断。井组聚类距离与刻度井最远主要是下段产层产能贡献大；聚类距离与刻度井较近主要是中上段产层产能贡献大，且主要是动液面下的产层在产气。

（3）煤层气井产出水溶解无机碳正异常多发生在中煤阶煤层中，并在典型井产出水中成功检测到了多类型的产甲烷菌，包含了 15 种以上的甲烷菌属，其中 Methanobacterium 为优势属，其次为 Methanothrix 属。根据产出水中优势甲烷菌属与溶解无机碳的显著正相关关系，直接证实了溶解无机碳正异常是产甲烷菌还原作用造成的，且主要发生氢基型产甲烷菌还原作用。多煤层煤系地层沉积相及岩性的分段性会造成渗透性和富水性的分段性，从而引起产出水中 $\delta^{13}C_{DIC}$和古菌群落的分段性。在煤系地层整体为超压且煤阶为中煤阶的地质背景下，渗透性和富水性较好的中上部层段产出水中 $\delta^{13}C_{DIC}$异常富集，且古菌主要为 Methanobacterium 属。渗透性和富水性较弱的下部层段产出水中 $\delta^{13}C_{DIC}$值较小，微生物作用较弱。接近煤层露头的较浅部位，容易受到大气降水的补给，产出水中 $\delta^{13}C_{DIC}$值较小。在此认识基础上，提出了多煤层煤层气井产出水 $\delta^{13}C_{DIC}$地质响应模式，客观上为沉积相控制的叠置流体系统提供了有效的地球化学证据，也为多层合排煤层气井气水产层贡献分析提供了新的手段。

参考文献

[1] 蔡路,姚艳斌,张永平,等.沁水盆地郑庄区块煤储层水力压裂曲线类型及其地质影响因素[J].石油学报,2015(S1):83-90.

[2] 巢海燕,王延斌,葛腾泽,等.地层供液能力差异对煤层气合层排采的影响:以大宁-吉县地区古驿背斜西翼为例[J].中国矿业大学学报,2017(3):606-613.

[3] 程乔,胡宝林,徐宏杰,等.沁水盆地南部煤层气井排采伤害判别模式[J].煤炭学报,2014(9):1879-1885.

[4] 窦新钊.黔西地区构造演化及其对煤层气成藏的控制[D].徐州:中国矿业大学,2012.

[5] 杜希瑶,李相方,徐兵祥,等.韩城地区煤层气多层合采开发效果评价[J].煤田地质与勘探,2014(2):28-34.

[6] 傅雪海,秦勇,韦重韬.煤层气地质学[M].徐州:中国矿业大学出版社,2007.

[7] 高弟,秦勇,易同生.论贵州煤层气地质特点与勘探开发战略[J].中国煤炭地质,2009(3):20-23.

[8] 桂宝林,王朝栋.滇东-黔西地区煤层气构造特征[J].云南地质,2000(4):321-351.

[9] 郭晨,秦勇,韩冬.黔西比德-三塘盆地煤层气井产出水离子动态及其对产能的指示[J].煤炭学报,2017(3):680-686.

[10] 郭晨,秦勇,夏玉成,等.基于氢、氧同位素的煤层气合排井产出水源判识:以黔西地区比德-三塘盆地上二叠统为例[J].石油学报,2017(5):493-501.

[11] 郭晨,秦勇,易同生,等.黔西肥田区块地下水动力条件与煤层气有序开发[J].煤炭学报,2014(1):115-123.

[12] 郭晨.多层叠置含煤层气系统及其开发模式优化:以黔西比德-三塘盆地上二叠统为例[D].徐州:中国矿业大学,2015.

[13] 国土资源部油气资源战略研究中心.全国煤层气资源评价[M].北京:中国大地出版社,2009.

[14] 胡奇,王生维,张晨,等.沁南地区煤体结构对煤层气开发的影响[J].煤炭科学技术,2014(8):65-68,74.

[15] 胡文瑞,魏漪,鲍敬伟.中国低渗透油气藏开发理论与技术进展[J].石油勘探与开发,2018(4):646-656.

[16] 黄华州,桑树勋,苗耀,等.煤层气井合层排采控制方法[J].煤炭学报,2014(S2):422-431.

[17] 贾高龙,莫日和,赖文奇,等.云南恩洪-老厂煤层气勘查区地质特征及勘探开发策略[J].中国海上油气,2016(1):1673-1506.

[18] 金军,高为,孙键,等.黔西松河矿区煤中元素地球化学特征及成煤环境意义[J].煤炭科学技术,2017(12):166-173,204.

[19] 金军.黔西松河井田松参 1# 煤储层物性垂向分布特征[J].煤炭科学技术,2016(2):27-32,16.

[20] 李灿,唐书恒,张松航,等.沁水盆地柿庄南煤层气井产出水的化学特征及意义[J].中国煤炭地质,2013(9):25-29.

[21] 李广生,孙明闯,史小卫,等.基于地质强度因子的煤体结构精细描述[J].中州煤炭,2015(7):121-124.

[22] 李国彪,李国富.煤层气井单层与合层排采异同点及主控因素[J].煤炭学报,2012(8):1354-1358.

[23] 李伟,秦胜飞.四川盆地须家河组地层水微量元素与氢氧同位素特征[J].石油学报,2012(1):55-63.

[24] 李五忠,田文广,陈刚,等.不同煤阶煤层气选区评价参数的研究与应用[J].天然气工业,2010(6):45-47.

[25] 李忠诚,唐书恒,王晓锋,等.沁水盆地煤层气井产出水化学特征与产能关系研究[J].中国矿业大学学报,2011(3):424-429.

[26] 梁红艺,谢小国,罗兵,等.煤层含气量评价方法研究与应用[J].特种油气藏,2016(3):44-47,153.

[27] 刘会虎.沁南地区煤层气排采井间干扰的地球化学约束机理[D].徐州:

中国矿业大学,2011.
[28] 刘亚飞,王波波,张洪勋,等.芦岭煤田微生物群落结构和生物成因气的产甲烷类型研究[J].微生物学报,2019(6):1174-1187.
[29] 娄剑青.影响煤层气井产量的因素分析[J].天然气工业,2004(4):62-64.
[30] 罗开艳,金军,赵凌云,等.松河井田煤层群条件下合层排采煤层气可行性研究[J].煤炭科学技术,2016(2):73-77,103.
[31] 毛凤军,姜虹,欧亚菲,等.尼日尔 Termit 盆地三维地质构造建模研究与应用[J].地学前缘,2018(2):62-71.
[32] 毛庆亚,王建力,王家录,等.贵州安顺与重庆北碚大气降水中 δD 和 $\delta^{18}O$ 特征分析[J].西南大学学报(自然科学版),2017(2):114-120.
[33] 孟艳军,汤达祯,许浩,等.煤层气开发中的层间矛盾问题:以柳林地区为例[J].煤田地质与勘探,2013(3):29-33,37.
[34] 孟召平,程浪洪,雷志勇.淮南矿区地应力条件及其对煤层顶底板稳定性的影响[J].煤田地质与勘探,2007(1):21-25.
[35] 孟召平,田永东,李国富.沁水盆地南部煤储层渗透性与地应力之间关系和控制机理[J].自然科学进展,2009(10):1142-1148.
[36] 孟召平,张纪星,刘贺,等.考虑应力敏感性的煤层气井产能模型及应用分析[J].煤炭学报,2014(4):593-599.
[37] 倪小明,陈鹏,李广生,等.恩村井田煤体结构与煤层气垂直井产能关系[J].天然气地球科学,2010(3):508-512.
[38] 倪小明,苏现波,李广生.樊庄地区 3# 和 15# 煤层合层排采的可行性研究[J].天然气地球科学,2010(1):144-149.
[39] 彭兴平,谢先平,刘晓,等.贵州织金区块多煤层合采煤层气排采制度研究[J].煤炭科学技术,2016(2):39-44.
[40] 秦勇,申建,沈玉林.叠置含气系统共采兼容性:煤系“三气”及深部煤层气开采中的共性地质问题[J].煤炭学报,2016(1):14-23.
[41] 秦勇,张政,白建平,等.沁水盆地南部煤层气井产出水源解析及合层排采可行性判识[J].煤炭学报,2014(9):1892-1898.
[42] 单衍胜,毕彩芹,迟焕鹏,等.六盘水地区杨梅树向斜煤层气地质特征与有利开发层段优选[J].天然气地球科学,2018(1):122-129.
[43] 单耀.含煤地层水岩作用与矿井水环境效应[D].徐州:中国矿业大

学，2009.

[44] 邵长金，邢立坤，李相方，等.煤层气藏多层合采的影响因素分析[J].中国煤层气，2012(3)：8-12.

[45] 申建.论深部煤层气成藏效应[J].煤炭学报，2011(9)：1599-1600.

[46] 沈玉林，秦勇，李壮福，等.黔西上二叠统龙潭组菱铁矿层的沉积成因及地质意义[J].地学前缘，2017(6)：152-161.

[47] 时伟，唐书恒，李忠城，等.沁水盆地南部山西组煤储层产出水氢氧同位素特征[J].煤田地质与勘探，2017(2)：62-68.

[48] 宋岩，李卓，姜振学，等.非常规油气地质研究进展与发展趋势[J].石油勘探与开发，2017(4)：638-648.

[49] 孙良忠，康永尚，王金，等.地应力类型垂向转换及其对煤储层渗透率控制作用[J].高校地质学报，2017(1)：148-156.

[50] 陶传奇，王延斌，倪小明，等.基于测井参数的煤体结构预测模型及空间展布规律[J].煤炭科学技术，2017(2)：173-177，196.

[51] 田文广，邵龙义，孙斌，等.保德地区煤层气井产出水化学特征及其控气作用[J].天然气工业，2014(8)：15-19.

[52] 田永东，武杰.沁水盆地南部高煤阶煤储层敏感性[J].煤炭学报，2014(9)：1835-1839.

[53] 汪进良，章程，裴建国，等.岩溶地下水补给的地表河流溶解无机碳昼夜变化与钙沉降[J].地球与环境，2015(4)：395-402.

[54] 王保玉.晋城矿区煤体结构及其对煤层气井产能的影响[D].北京：中国矿业大学(北京)，2014.

[55] 王乔.黔西多煤层区煤层气井合层排采干扰机理数值模拟[D].徐州：中国矿业大学，2014.

[56] 王善博，唐书恒，万毅，等.山西沁水盆地南部太原组煤储层产出水氢氧同位素特征[J].煤炭学报，2013(3)：448-454.

[57] 王屿涛，刘如，熊维莉，等.准噶尔盆地煤层气经济评价及单井商业气流标准研究[J].天然气工业，2017(3)：127-131.

[58] 王振云，唐书恒，孙鹏杰，等.沁水盆地寿阳区块 3 号和 9 号煤层合层排采的可行性研究[J].中国煤炭地质，2013(11)：21-26.

[59] 吴财芳，刘小磊，张莎莎.滇东黔西多煤层地区煤层气“层次递阶”地质选

区指标体系构建[J].煤炭学报,2018(6):1647-1653.

[60] 吴丛丛,杨兆彪,秦勇,等.贵州松河及织金煤层气产出水的地球化学对比及其地质意义[J].煤炭学报,2018(4):1058-1064.

[61] 吴丛丛.贵州西部煤层气井排采水地球化学特征及其响应[D].徐州:中国矿业大学,2019.

[62] 吴飞红,浦俊兵,李建鸿,等.夏季热分层效应对典型岩溶水库水化学及溶解无机碳的影响[J].环境科学,2017(8):3209-3217.

[63] 肖钢,唐颖.页岩气及其勘探开发[M].北京:高等教育出版社,2012.

[64] 肖时珍,熊康宁,蓝家程,等.石漠化治理对岩溶地下水水化学和溶解无机碳稳定同位素的影响[J].环境科学,2015(5):1590-1597.

[65] 谢学恒,樊明珠.基于测井响应的煤体结构定量判识方法[J].中国煤层气,2013(5):27-29,33.

[66] 熊斌.织金区块煤层气单井产能地质因素分析[J].油气藏评价与开发,2014(4):58-62.

[67] 徐轩,胡勇,万玉金,等.高含水低渗致密砂岩气藏储量动用动态物理模拟[J].天然气地球科学,2015(12):2352-2359.

[68] 杨秀清,吴瑞薇,韩作颖,等.基于 mcrA 基因的沁水盆地煤层气田产甲烷菌群与途径分析[J].微生物学通报,2017(4):795-806.

[69] 杨兆彪,李洋阳,秦勇,等.煤层气多层合采开发单元划分及有利区评价[J].石油勘探与开发,2019(3):559-568.

[70] 杨兆彪,秦勇,秦宗浩,等.煤层气井产出水溶解无机碳特征及其地质意义[J].石油勘探与开发,2020(4):1-9.

[71] 杨兆彪,吴丛丛,张争光,等.煤层气产出水的地球化学意义:以贵州松河区块开发试验井为例[J].中国矿业大学学报,2017(4):1-8.

[72] 杨兆彪.多煤层叠置条件下的煤层气成藏作用[D].徐州:中国矿业大学,2011.

[73] 姚冠荣,高全洲,王振刚,等.西江下游溶解无机碳含量的时空变异特征及其输出通量[J].地球化学,2008(3):258-264.

[74] 易同生,周效志,金军.黔西松河井田龙潭煤系煤层气-致密气成藏特征及共探共采技术[J].煤炭学报,2016(1):212-220.

[75] 于宝石.筠连煤层气井产出水化学特征及意义[J].中国煤层气,2015(5):

32-35,8.

[76] 虞鹏鹏.水岩反应及其研究意义[J].中山大学研究生学刊(自然科学与医学版),2012(4):25-33.

[77] 张敏剑.土城向斜煤层气系统及其发育机理[D].徐州:中国矿业大学,2019.

[78] 张晓敏.沁水盆地南部煤层气产出水化学特征及动力场分析[D].焦作:河南理工大学,2012.

[79] 张政,秦勇,傅雪海.沁南煤层气合层排采有利开发地质条件[J].中国矿业大学学报,2014(6):1019-1024.

[80] 赵贤正,杨延辉,孙粉锦,等.沁水盆地南部高阶煤层气成藏规律与勘探开发技术[J].石油勘探与开发,2016(2):303-309.

[81] 赵欣,姜波,徐强,等.煤层气开发井网设计与优化部署[J].石油勘探与开发,2016(1):84-90.

[82] 周文.裂缝性油气储集层评价方法[M].成都:四川科学技术出版社,1998.

[83] 周孝鑫.川西坳陷中段陆相层系地下水与天然气分布特征[D].杭州:浙江大学,2014.

[84] 周效志,桑树勋,易同生,等.煤层气合层开发上部产层暴露的伤害机理[J].天然气工业,2016(6):52-59.

[85] 周英.采煤概论[M].北京:煤炭工业出版社,2006.

[86] 朱华银,胡勇,李江涛,等.柴达木盆地涩北多层气藏合采物理模拟[J].石油学报,2013(S1):136-142.

[87] 朱磊,范弢,郭欢.西南地区大气降水中氢氧稳定同位素特征与水汽来源[J].云南地理环境研究,2014(5):61-67.

[88] 庄绪强.山西阳泉矿区煤层气分层排采分析[J].中国煤炭地质,2014(9):31-33.

[89] 邹才能,张国生,杨智,等.非常规油气概念、特征、潜力及技术:兼论非常规油气地质学[J].石油勘探与开发,2013(4):385-399,454.

[90] ANDREWS J E, GREENAWAY A M, DENNIS P F, et al. Isotopic effects on inorganic carbon in a tropical river caused by caustic discharges from bauxite processing [J]. Applied geochemistry, 2000 (2):

197-206.

[91] ARAVENA R, HARRISON S M, BARKER J F, et al. Origin of methane in the Elk Valley coal field, Southeastern British Columbia, Canada[J].Chemical geology,2003(1-4):219-227.

[92] BATES B L,MCINTOSH J C,LOHSE K A,et al.Influence of groundwater flowpaths,residence times and nutrients on the extent of microbial methanogenesis in coal beds: Powder River Basin, USA [J]. Chemical geology,2011(1-2):45-61.

[93] BOTZ R,POKOJSKI H D,SCHMITT M,et al.Carbon isotope fractionation during bacterial methanogenesis by CO_2 reduction[J].Organic geochemistry,1996(3):255-262.

[94] BROWN E T,HOEK E.Technical note trends in relationships between measured in-situ stress and depth[J].International journal of rock mechanics and mining sciences and geomechanics abstracts, 1978 (6): 211-215.

[95] CRAIG H. Isotopic variation in meteoric waters [J]. Science, 1961 (3465):1702-1703.

[96] DAHM K G,GUERRA K L,MUNAKATA J,et al.Trends in water quality variability for coalbed methane produced water[J].Journal of cleaner production,2014(84):840-848.

[97] DAI J X,LI J,LUO X,et al.Stable carbon isotope compositions and source rock geochemistry of the giant gas accumulations in the Ordos Basin,China[J].Organic geochemistry,2005(12):1617-1635.

[98] DAI S F,REN D Y,CHOU C L,et al.Geochemistry of trace elements in Chinese coals:a review of abundances,genetic types,impacts on human health,and industrial utilization[J].International journal of coal geology,2012(94):3-21.

[99] DANSGAARD W.Stable isotopes in precipitation[J].Tellus,1984(16):436-468.

[100] EATON B A.The equation for geopressure prediction from well logs [A]. Fall meeting of the society of petroleum engineers of

AIME,1975.

[101] GOCIC M,TRAJKOVIC S.Analysis of changes in meteorological variables using Mann-Kendall and Sen's slope estimator statistical tests in Serbia[J].Global and planetary change,2013(100):172-182.

[102] GUO C, QIN Y, XIA Y C, et al. Geochemical characteristics of produced water from CBM wells and implications for commingling CBM production: a case study of the Bide-Santang Basin, Western Guizhou,China[J].Journal of petroleum science and engineering,2017(1):666-678.

[103] HAMAWAND I,YUSAF T,HAMAWAND S G.Coal seam gas and associated water:a review paper[J].Renewable and sustainable energy reviews,2013(2):550-560.

[104] HELLINGS L, DRIESSCHE K VAN DEN, BAEYENS W, et al. Origin and fate of dissolved inorganic carbon in interstitial waters of two freshwater intertidal areas: a case study of the Scheldt Estuary [J].Belguim biogeochemistry,2000(2):141-160.

[105] HUANG H Z,BI C Q,SANG S X,et al.Signature of coproduced water quality for coalbed methane development[J].Journal of natural gas science and engineering,2017(47):34-46.

[106] HUANG H Z, SANG S X, MIAO Y, et al. Trends of ionic concentration variations in water coproduced with coalbed methane in the Tiefa Basin[J]. International journal of coal geology, 2017(1): 32-41.

[107] JENNIFER M J,ANNA M,STEVEN P,et al.Biogeochemistry of the Forest City Basin coalbed methane play[J]. International journal of coal geology,2008(1):111-118.

[108] JIA J L,CAO L W,SANG S X,et al.A case study on the effective stimulition techniques practiced in the superposed gas reservoirs of coal-bearing series with multiple thin coal seams in Guizhou,China [J].Journal of petroleum science and enginerring,2016(1):489-504.

[109] JU W,YANG Z B,QIN Y,et al.Characteristics of in-situ stress state

and prediction of the permeability in the Upper Permian coalbed methane reservoir, Western Guizhou region, SW China[J]. Journal of petroleum science and engineering, 2018(1): 199-211.

[110] KINNON E C P, GOLDING S D, BOREHAM C J, et al. Stable isotope and water quality analysis of coal bedmethane production waters and gases from the Bowen Basin, Australia[J]. International journal of coal geology, 2010(82): 219-231.

[111] KLEIN D A, FLORES R M, VENOT C, et al. Molecular sequences derived from Paleocene Fort Union Formation coals vs. associated produced waters: Implications for CBM regeneration[J]. International journal of coal geology, 2008, 76(1): 3-13.

[112] LEMAY T G, KONHAUSER K O. Water chemistry of coalbed methane reservoirs[M]. Alberta: Alberta Energy and Utilities Board, 2006.

[113] LI D M, HENDRY P, FAIZ M. A survey of the microbial populations in some Australian coalbed methane reservoirs [J]. International journal of coal geologyl, 2008(1-2): 14-24.

[114] LI Y, SHI W, TANG S H. Microbial geochemical characteristics of the coalbed methane in the Shizhuangnan block of Qinshui Basin, North China and their geological implications[J]. Acta geologica sinica, 2019 (3): 660-674.

[115] LIU H H, SANG S X, XUE J H, et al. Evolution and geochemical characteristics of gas phase fluid and its response to inter-well interference during multi-well drainage of coalbed methane[J]. Journal of petroleum science and engineering, 2018(1): 491-501.

[116] MARTINI A M, WALTER L M, BUDAI J M, et al. Genetic and temporal relations between formation waters and biogenic methane: Upper Devonian Antrim Shale, Michigan Basin, USA[J]. Geochimica et cosmochimica acta, 1998(10): 1699-1720.

[117] MCINTOSH J C, MARTINI A M, PETSCH S, et al. Biogeochemistry of the Forest City Basin coalbed methane play[J]. International journal of coal geology, 2008(1-2): 111-118.

[118] MCLAUGHLIN J F,FROST C,SHARMA S.Geochemical analysis of Atlantic Rim water, Carbon County, Wyoming: new applications for characterizing coal bed natural gas reservoirs[J].AAPG bulletin,2011(2):191-217.

[119] MIDGLEY D J, HENDRY P, PINETOWN K L,et al.Characterisation of a microbial community associated with a deep, coal seam methane reservoir in the Gippsland Basin, Australia[J]. International journal of coal geology,2010,82(3):232-239.

[120] PALMER I.Coalbed methane completions: a world view[J].International journal of coal geology,2010(3-4):184-195.

[121] PAN M,LI Z L,GAO Z B,et,al.3-D geological modeling concept, methods and key techniques [J]. Acta geologica sinica (English edition),2012(4):1031-1036.

[122] PARK S Y,LIANG Y.Biogenic methane production from coal:A review on recent research and development on microbially enhanced coalbed methane(MECBM)[J].Fuel,2016(1):258-267.

[123] QIN Y,MOORE T A,SHEN J,et al.Resources and geology of coalbed methane in China:a review[J].International geology review,2018(5-6):777-812.

[124] QUILLINAN S A,FROST C D.Carbon isotope characterization of powder river basin coal bed waters:key to minimizing unnecessary water production and implications for exploration and production of biogenic gas[J].International journal of coal geology,2014(1):106-119.

[125] RICE C A,FLORES R M,STRICKER G D,et al.Chemical and stable isotopic evidence for water/rock interaction and biogenic origin of coalbed methane, Fort Union formation, Powder River Basin, Wyoming and Montana, USA[J].International journal of coal geology, 2008(1):76-85.

[126] SCOTT A R, KAISER W R, AYERS W B. Thermogenic and secondary biogenic gases San Juan Basin,Colorado and New Mexico-Implications for coalbed gas producibility[J].American association of

petroleum geologists bulletin,1994(8):1186-1209.

[127] SHIMIZU S,AKIYAMA M,NAGANUMA T,et al.Molecular characterization of microbial communities in deep coal seam groundwater of northern Japan[J].Geobiology,2007(4):423-433.

[128] STRAPOC D, PICARDAL F W, TURICH C, et al. Methane — producing microbial community in a coal bed of the Illinois basin[J]. Applied and environmental microbiology,2008,74(8):2424-2432.

[129] SIMPKINS W W,PARKIN T B.Hydrogeology and redox geochemistry of CH_4 in a late Wisconsinian till and loess sequence in central Iowa[J]. Water resources research,1993(11):3643-3657.

[130] SUZANNE D G,CHRIS J B,JOAN S E.Stable isotope geochemistry of coal bed and shale gas and related production waters:a review[J]. International journal of coal geology,2013(120):24-40.

[131] TAO S, TANG D Z, XU H, et al. Factors controlling high-yield coalbed methane vertical wells in the Fanzhuang Block,Southern Qinshui Basin[J].International journal of coal geology,2014(134):38-45.

[132] WACHNIEW P.Isotopic composition of dissolved inorganic carbon in a large polluted river:the Vistula,Poland[J].Chemical geology,2006 (3-4):293-308.

[133] WANG B,SUN F J,TANG D Z,et al.Hydrological control rule on coalbed methane enrichment and high yield in Fanzhuang block of Qinshui Basin[J].Fuel,2015(140):568-577.

[134] WHITICAR M J.Carbon and hydrogen isotope systematic of bacterial formation and oxidation of methane[J].Chemical geology,1999(1-3): 291-314.

[135] YANG Z B,QIN Y,WANG G X,et al.Investigation on coal seam gas formation of multi-coalbed reservoir in Bide-Santang Basin Southwest China[J].Arabian journal of geosciences,2015(8):5439-5448.

[136] YANG Z B,ZHANG Z G,QIN Y,et al.Optimization methods of production layer combination for coalbed methane development in multi-coal seams[J].Petroleum exploration and development,2018(2):1-9.

[137] ZHANG J, LIANG Y, PANDEY R, et al. Characterizing microbial communities dedicated for conversion of coal to methane in situ and ex-situ[J].International journal of coal geology,2015(146):145-154.

[138] ZHANG S H,TANG S H,LI Z C,et al.Study of hydrochemical characteristics of CBM co-produced water of the Shizhuangnan block in the Southern Qinshui Basin,China,on its implication of CBM development[J].International journal of coal geology,2016(159):169-182.

[139] ZHAO J L,TANG D Z,LIN W J,et al.In-situ stress distribution and its influence on the coal reservoir permeability in the Hancheng area, eastern margin of the Ordos Basin,China[J].Natural gas science and engineering,2019(6):119-132.